新版 >>

U0272445

农产品营销与
农业品牌化建设

王春霞　左　利　王金凤　主编

中国农业科学技术出版社

图书在版编目（CIP）数据

农产品营销与农业品牌化建设／王春霞，左利，王金凤主编.—北京：中国农业科学技术出版社，2021.4（2022.12重印）

ISBN 978-7-5116-5277-5

Ⅰ.①农… Ⅱ.①王…②左…③王… Ⅲ.①农产品-市场营销学②农产品-品牌战略 Ⅳ.①F762②F304.3

中国版本图书馆CIP数据核字（2021）第062626号

责任编辑	白姗姗
责任校对	马广洋
责任印制	姜义伟　王思文

出 版 者	中国农业科学技术出版社 北京市中关村南大街12号　邮编：100081
电　　话	（010）82106638（编辑室）　　（010）82109702（发行部） （010）82109709（读者服务部）
传　　真	（010）82106650
网　　址	http://www.castp.cn
经 销 者	各地新华书店
印 刷 者	中煤（北京）印务有限公司
开　　本	850mm×1 168mm　1/32
印　　张	5
字　　数	130千字
版　　次	2021年4月第1版　2022年12月第4次印刷
定　　价	36.80元

《农产品营销与农业品牌化建设》
编委会

前　言

　　近年来，随着农业生产力水平的提高，农产品市场销售压力与日俱增，严重影响农业产业的可持续发展。建立和完善以市场为中心的现代市场营销体系，综合运用新媒体、新技术拓展农产品营销方式，提升产品竞争力和附加值，可促进农业增效、农民增收。农产品品牌营销能有效减小成交阻力，以最短时间帮助消费者甄选出优质的农产品。品牌也可以增加农产品的产品价值和形象价值。

　　本书以通俗易懂的语言，从农产品市场分析、农产品营销策略、农产品网络营销、农产品物流与配送、农业品牌化建设5个方面，对农产品营销及品牌建设的必备知识进行了详细介绍，以期帮助农民朋友做好农产品的营销、促销，实现增产增收。

　　由于编者水平和时间所限，书中难免出现不妥之处，恳请广大读者批评指正。

编　者

2021 年 1 月

目　　录

第一章　农产品市场分析 …………………………………（1）

第一节　市场调查 ……………………………………（1）

第二节　市场细分 ……………………………………（8）

第三节　市场预测 ……………………………………（11）

第二章　农产品营销策略 …………………………………（23）

第一节　目标市场营销 ………………………………（23）

第二节　产品策略 ……………………………………（31）

第三节　价格策略 ……………………………………（37）

第四节　促销策略 ……………………………………（44）

第五节　渠道策略 ……………………………………（52）

第三章　农产品网络营销 …………………………………（53）

第一节　网络视频营销 ………………………………（53）

第二节　口碑营销 ……………………………………（57）

第三节　直播营销 ……………………………………（62）

第四节　短视频营销 …………………………………（71）

第五节　微信营销 ……………………………………（75）

第六节　社群营销 ……………………………………（94）

第七节　团购平台营销 ………………………………（98）

第八节　微店营销 ……………………………………（102）

第四章　农产品物流与配送 ……………………（113）

第一节　农产品仓储 ……………………………（113）

第二节　农产品运输 ……………………………（114）

第三节　农产品配送 ……………………………（118）

第四节　包　装 …………………………………（124）

第五章　农业品牌化建设 ……………………（132）

第一节　品牌建设基本方法 ……………………（132）

第二节　品牌的定位 ……………………………（137）

第三节　品牌的内容 ……………………………（142）

第四节　品牌的传播 ……………………………（144）

主要参考文献 …………………………………（150）

第一章 农产品市场分析

第一节 市场调查

农产品市场调查，是根据农产品市场调查的目的和需要，运用一定的科学方法，有组织、有计划地搜集、整理、传递、存储和利用市场有关信息的过程。其目的在于通过了解市场供求发展变化的历史和现状，为管理者和企业的决策者制定政策、进行预测、做出经营决策、制订计划提供重要依据。

一、市场调查的基本内容

市场调查的内容十分广泛，具体内容要根据调查和预测的目的以及经营决策的需要而定，最基本的内容有以下几个方面。

（一）市场环境调查

政治方面，主要有政府有关经济政策，如农业发展方针、价格、税收、财政等方面的政策；经济方面，主要有农业生产水平、科技水平、自然资源状况、人口及其构成、居民收入及其消费结构、市场价格水平等；社会文化方面，主要有居民文化教育程度及其职业构成、民族分布特点及其宗教信仰、生活习惯等；自然环境方面，如地理位置、气候、交通运输等状况；竞争环境方面，主要是同行业生产能力、生产方式、成本价格、产品特征及市场占有率等情况。

（二）消费者需求情况调查

调查一定时期一定范围内人口变化，居民生活水平的变化，购买力投向，购买者爱好、习惯、需求构成的变化，对各类农产品在数量、质量、品种、规格、价格等方面的要求及其发展趋势，调查配套商品、连带性商品及其他商品之间存在的需求比例关系及函数关系，了解社会集团购买力的需要。

（三）生产者供给情况调查

调查社会生产、商品资料及其构成情况，包括生产规模、生产结构、技术水平、生产力布局、生产成本、自然条件和自然资源等生产条件的现状和未来规划。同时，要特别重视农业生产情况的调查，农业生产状况如何将直接影响农产品市场状况。许多农副产品既是城乡人民生活资料，又是工业部门的生产资料，搞好这方面调查，对于全面安排好城乡市场具有重要作用。

（四）销售渠道的通畅情况调查

了解农产品销售渠道的过去和现状，包括农产品流通的各个环节、推销人员的基本情况、销售渠道的利用情况及其存在的问题等。

（五）市场行情调查

具体调查各种农产品在市场上的供求情况、存货状况和市场竞争状况。要调查有关地区、有关企业、有关商品之间的差别和具体供求关系，如有关地区、企业同类商品的生产、经营、成本、价格、利润、资金周转等重要经济指标及其流转、销售情况和发展趋势等。

二、市场调查的步骤

进行市场调查，因时间、地点、费用、设备等条件而不同，在具体做法上也不可能有统一的标准，但一般来说可以按以下的步骤进行。

（一）确定市场调查目标

确定市场调查目标是指要确定调查的目的、范围和要求，也就是要确定调查的主题。

（二）制订调查计划

调查计划是调查目的和任务的具体化。

规定出必须搜集的资料，设计出基本的调查方法，组织好调查人员，安排好日程，以及预算好调查经费等。

（三）搜集和利用现有资料，进行初步调查

搜集现有的企业内部的有关情报资料。内部资料包括各种会计和统计资料、年度总结报告、专项问题报告以及财务决算等。外部资料包括政府公布的统计资料，公开出版的期刊、报纸和书籍，研究机关的调查报告与研究报告，经济年鉴等。通过对这些资料的分析，初步了解和发现各影响因素之间的关系，从而确定调查问题的方向。

（四）运用一定的调查方法进行现场实地调查

在经过初步调查的基础上，进一步确定要调查的具体问题，并运用一定的调查方法，直接取得第一手资料。

资料搜集需注意：准确性，对所提供资料的真实性和可靠性要进行分析，力求去伪存真；针对性，根据具体需要有目的有计划地进行；系统性，对市场情报资料要加以分类、合并、整理，不间断地进行，不能时有时无；完整性，要保证有关情报资料的完整性；预见性，注意及时搜集有关调查问题的发展动向和发展趋势的情报资料。只有这样，调查的资料才能发挥情报资料的效用，为进行市场预测、经营决策提供可靠依据。

（五）资料的整理与分析

1. 编辑整理

检查调查资料的误差，对情报资料进行评定，如资料的依据是否充分，推理是否严谨，阐述是否合理，观点是否正确，以保证资料的真实与准确。

2. 分类编号

为便于查找、归档、统计和分析，必须将经过编辑整理的情报资料按适当的分类表分类编号。

3. 统计

将已分类的资料进行统计、计算，有系统地制成各种计算表、统计表、统计图，以便利用和分析。

4. 分析

运用调查资料所得数据和事实，分析情况并得出结论。

（六）编写调查研究报告

编写原则：紧扣主题；内容力求客观、扼要、重点突出；文字简练。报告中可用图表说明，图文并茂，易于理解。最后，调查报告提出后，调查人员还应追踪了解报告是否被采纳。如被采纳，则需了解建议的采用程序和实际效果，并协助业务人员尽早实现报告中提出的建议方案。

三、市场调查的方法

市场调查的方法很多，应结合调查目的和内容适当选择。

（一）按调查方式分类

1. 询问调查

通过面谈、电话、信函等手段，搜集所需要的信息资料，是市场调查的常用方法，又可分为三种。

（1）访问。调查人员面对面地向被调查者询问有关问题，可以当场记录；可以采取走出去、请进来或召开座谈会的方式；可以根据事先拟定的询问表或调查提纲提问，也可采取自由交谈的方式进行。访问法的优点是直接与被调查者见面，当面听取意见，并可观察其反应，可根据被调查者的态度，采取灵活的措施，能互相启发，便于深入了解和研究问题。

（2）电话调查。根据抽样调查的要求，调查人员通过电话向调查对象询问意见。它的优点是资料搜集快、成本低，按统一询问表询问，便于统一处理；缺点是仅限于有电话的用户或消费者，被调查者不易合作，不能询问较复杂问题，更不容易深入了解。

（3）邮寄调查。即将设计好的询问表、信函等寄给被调查者，请其填好后寄回。它的优点是调查区域广，被调查者可有充分时间回答询问，调查成本较低，能避免个人访问中可能产生的调查人员偏见的影响；缺点是调查回收率低，收回时间长，被调查者可能误解询问表中某些项目的含义。

这三种方法究竟采用哪种，要根据问题的性质和要求，以及调查资料的范围、费用、询问表的长短和复杂程度综合考虑和选择。

2. 现场观察法

这是调查人员直接到市场进行观察与记录的一种搜集信息资料的方法。调查人员可以肉眼观察、手写记录，也可以利用仪器设备收录和拍摄，收集现场的真实现象和数据，如顾客流量、消费者对某些商品的选择和态度等。这一方法的优点是可以比较客观地搜集资料，直接记录调查的事实和被调查者在现场的行为，调查结果更接近于实际；缺点是观察不到内在因素，因为要求观察人员具有较高的技术业务水平，使这一方法的利用受到限制。如果在采用观察法的同时结合询问法，效果会更好些。

3. 实验调查法

这是来源于自然科学的实验求证法，一般是从影响调查问题的许多因素中选出一个或两个因素，将它们置于一定条件下进行小规模实验，然后对实验结果进行分析，研究是否值得大规模推广。例如，在影响销售量变动的几个因素中，选择价格、包装两个因素进行实验，在其他因素不变的情况下，若销售量有变动，便可证明是价格和包装的影响。实验法的运用范围较广，凡是某一农产品在改变品种、包装、设计、价格、广告等因素时，都可应用这一方法，先作小规模实验，调查用户的反映，然后研究是否值得大规模推广。

4. 资料分析法

资料分析法也称间接调查法或室内研究法，是依靠历史的和现实的动态统计资料，在室内进行统计分析的方法。如通过资料研究，可以分析市场供求趋势、市场相关因素、市场占有率等。这一方法的优点是可以充分利用现有资料、节省调查费用。但是调查人员要有丰富的专业知识和管理经验，才能胜任这一工作。

(二) 按调查样本的多少分类

1. 全面调查法

对某一社会现象进行全面调查，其特点是一次性和全面性。这一方法获取的资料全面、系统、准确、可靠，但费工、费时、费钱，不宜经常采用。

2. 典型调查法

经过调查典型户而推算市场情况。这一方法经常被部门和企业采用。如各地统计局都联系有一批比较固定的典型户，常年对之进行购买力和家计调查（亦称居民家庭收支调查）。这一方法的优点是调查对象少、容易合作、调查比较深入，还可以深入被调查单位的生产经营过程，直接获得比较系统的第一手资料，而且比普通法节省费用。但是在选择典型户时要注意其代表性。

3. 重点调查法

它是在全部单位中选择一部分重点单位进行调查，以取得统计数据的一种非全面调查方法，其目的是为了了解总体的基本情况。这些重点单位在全部单位中虽然只是一部分，但它们在所研究现象的总量中却占有绝大比重，因而对它们进行调查就能够反映全部现象的基本情况。此种方法的优点是，所投入的人力、物力少，而又较快地搜集到统计信息资料。一般来讲，在调查任务只要求掌握基本情况，而部分单位又能比较集中反映研究项目和指标时，就可以采用重点调查法。

4. 抽样调查法

在调查单位中抽取一定数量的样本进行调查，从而推算总体。按照是否遵守随机原则，可分为随机抽样调查和非随机抽样调查两大类。按抽样方法不同又可分为四种。

（1）抽签抽样法。就是从被调查的市场总体中，不做任何有目的的选择，纯粹偶然地抽取样本以推算总体。

（2）分层抽样法。就是将总体分为若干类型，然后在每一类型中按比例随机抽取部分个体为样本进行调查。这一方法代表性强、误差小，一般多运用于社会购买力调查、居民家庭收支调查、商品销售量调查、农产品产量调查等。

（3）分群抽样法。就是将总体分成若干群体，再从各群体中随机抽取部分群体为样本进行调查。

（4）机械抽样法。又称等距抽样，就是将总体按照某一预定的标准顺序排列，然后每隔若干数目选取一个个体为样本进行调查。这一方法简便易行，代表性强，误差小，并可利用现有资料进行抽选，但要注意样本区间不要与样本特性的周期重合或成倍数关系，以免误差扩大。

以上几种抽样调查方法既可单独使用，也可综合使用。但要注意，样本的代表性差和样本数目过少会降低准确度，而样本过多，调查费用又会增加。所以，调查组织的成员要精干、有一定素质，选择合适的调查方法，以提高调查质量。

第二节　市场细分

所谓农产品市场细分，就是根据农产品总体市场中不同的消费者在需求特点、购买行为和购买习惯等方面的差异，把总体市场划分为若干个不同类型的购买者群的过程。随着农产品的丰富及消费行为的多样化，消费者对农产品的需求、欲望、购买行为以及对企业营销策略的反应等表现出巨大的差异性。每个用户或消费者群就是一个细分市场，或称子市场。每一个细分市场都是由具有类似需求倾向的消费者构成的群体，分属不同细分市场的消费者对同一农产品的需求与欲望存在明显差异。

一、农产品市场细分的依据

由农产品市场细分的概念可知，市场细分的客观依据是消费者需求的多样性。只要消费者的需求存在差异性，就可以进行市场细分。具体地讲，市场细分的依据主要有以下几点。

（一）消费者需求客观上存在多样性

随着农业生产力水平和人们生活水平的提高，消费需求的多样性越来越明显。农业生产企业要根据这种客观要求，细分消费群体，生产和经营多样化的农产品，并针对各种消费群体运用不同的营销组合策略。

（二）消费者购买动机客观上存在多样性

消费者受社会、家庭等诸多因素的影响，在认识、感情、意念等心理活动过程中会形成不同的购买动机，从而引起不同的购买行为。消费者购买动机是引起购买发生的前提，因此，企业应当认真研究和掌握目标消费者群体的购买动机，有的放矢地制定和实施营销策略，以取得农产品营销的成功。

（三）消费者购买行为的多样性

消费者由于收入、性格、素养等不同而存在着购买心理的差异，会产生多种类型的购买行为，如理智型、冲动型、经济型、习惯型、情感型、不定型等。企业应注意分析影响消费者行为的心理因素，了解不同消费者的态度和信念，生产符合不同心理需求的农产品。在促销手段上要设法迎合消费者的心理要求。正确选择目标市场，有针对性地开展产品营销活动，使消费者的潜在需求变为现实需求。

二、农产品市场细分的标志

消费者对农产品的需求与偏好主要受地理因素、人口因素、心理因素及购买行为因素等方面的影响。因此，这些影响因素都可以作为农产品市场细分的标志。

（一）地理标志

农业企业或农产品营销组织可以按消费者所在的地理位置来细分消费者市场，主要依据处在不同地理位置的消费者对农产品的不同需要和偏好。

（二）人口标志

人口情况与市场对产品的需求、爱好、购买特点及使用频率等关系密切。人口变量比其他变量更容易测量，因而人口因素是企业细分农产品市场的重要标志。

（三）心理标志

心理状态直接影响消费者的购买趋向，特别是在比较富裕的社会，顾客购买农产品已不限于满足基本生活需要，而是更倾向于心理的满足，因此他们购买时心理因素的作用更为突出。企业可以按照消费者性格、爱好等来细分农产品市场。

（四）行为标志

这类标志是根据消费者对农产品知识、态度、使用及对销售形式的感应程度等行为来细分农产品市场。它是农产品市场细分的一个重要因素，在农产品相对过剩、消费者收入不断提高的市场条件下，这一因素显得更加重要。

三、农产品市场细分的步骤

（一）确定企业的营销目标

就是企业要确定生产什么，经营什么，要满足哪一类消费者的需求。农业企业或农产品营销组织应根据自身条件，以市场为导向，确定营销目标，选择进入市场的范围，这是市场细分的基础。

（二）列出进入市场的潜在消费者的全部需求

这是企业进行市场细分的依据，必须尽可能全面地列出消费者的各种需求。例如，企业准备进入肉牛养殖业，就必须尽可能把消费者对牛肉的品种、口味等的需求全部详细列出。

（三）进行市场细分

企业通过对不同消费者的需求，分析可能存在的细分市场。

第三节 市场预测

一、市场预测的概念

(一) 预测与市场商情预测的概念

1. 预测的概念

预测自古有之,古代人依据自己的经验和知识预测天气、预测人生、预测事物发展变化的趋势等。中国很早就有关于预测的研究和学问,例如,《周易》就是一部系统的预测学。

预测是指根据客观事物的发展变化规律,对特定的对象未来发展趋势或状态做出科学的推测和判断。它是在一定的理论指导下,以事物发展的历史和现状为出发点,以调查研究数据和统计数据为依据,在对事物发展过程进行深刻的定性分析和严密的计量基础上,利用已经掌握的知识和手段,研究并认识事物的发展变化规律,进而对事物发展的未来变化做出科学的推测。

预测的对象是具体的事物。预测技术已被广泛应用于科学技术、文化教育、经济发展、人口变化、生态环境、自然资源、军事科学等众多领域,产生了诸如经济发展预测、市场预测、人口预测、环境预测、军事预测等学科。

2. 市场商情预测的概念

所谓商情,是指市场上某种商品受供求关系影响,价格是高还是低,是畅销还是滞销的一种状态。所谓市场商情预测,就是运用科学的方法,对影响市场供求变化的诸多因素进行调查研究,分析和预见其发展趋势,掌握市场供求变化的规律,为经营决策提供可靠的依据。市场商情预测为决策服务，企业为了提高管理的科学水平，减少决策的盲目性，需要通过预测未来，把握经济发展和企业未来市场变化的变化趋势，减少决策风险，使决策目标得以顺利实现。

市场商情预测在理论上和实际中一般称为市场预测，商情预测即为市场预测。

（二）市场预测的作用

企业市场预测是以企业的市场活动为研究对象，因此，企业市场商情预测内容相当广泛。在经营过程中，企业要对与自身相关的市场环境、商品供求、商品价格、产品营销、市场竞争状况的未来变化趋势不断做出科学的推测与判断。企业市场预测是企业管理活动中一项经常性的管理活动。其主要作用表现在以下4个方面。

1. 企业营销活动的起点

因为预测是企业决策的前提，只有制定决策后才能开展有效的经营活动。

2. 企业提高应变能力的有力手段

市场环境中既存在机遇，又存在挑战与威胁，对市场环境动向特别是技术进步等科技前沿的预先掌握，有利于企业抓住市场机会，避开环境威胁。

3. 提高企业经济效益和经营管理水平的基本途径之一

没有前瞻性市场预测，企业就会失去前进的方向。市场预测所具有的这种前瞻性，能够有效地预测服务于企业的经营活动，提高企业经营管理水平，使企业立于不败之地。

4. 有利于提高政府的宏观管理水平

国家宏观管理的重点和主要职能是拟定国民经济的总体规

划和发展战略，并以此对市场微观经济活动进行间接调控。因此，只有对市场供求的总体状况及变化趋势做出准确的估计和推断，才能为制定宏观决策和计划提供可靠的依据。

（三）市场预测的基本要求

1. 要有基本经济理论做指导

市场预测是一种经济活动的分析过程，在定性分析和定量分析过程中时时离不开经济理论的指导、分析和判断。这些经济理论包括宏观经济理论和微观经济理论，特别是宏观经济理论当中的国民收入理论、经济发展周期理论，微观经济学中的厂商理论、供求理论、生产函数理论、产品生命周期理论、投入产出理论等。

2. 要有充足的信息资料做分析依据

信息是客观事物特性和变化的表征和反映，是市场预测的工作对象、工作基础。通过对各种调查资料、统计资料、历史的现实的相关资料的充分收集和系统分析，才能找出市场规律性的东西来，离开调查研究和统计资料的分析，预测就会失去科学性，其结果只能是主观臆断。

3. 要采用科学的分析判断方法

市场预测资料的整理分析必须运用科学的方法，包括审核、整理、汇总资料，都要运用科学的方法；分析资料，包括文字资料和数据资料，必须采用定性分析和定量分析的方法，同时采用先进的计算机手段等。没有先进的方法和手段，就无法实现市场预测的目标。

（四）市场预测的特点

1. 市场预测的可测性

市场预测以大量准确的市场信息为依据，通过对市场商品供求关系的历史和现状的研究，认识其发展变化的规律性，科学地预测其未来发展前景。因此，准确、丰富的市场信息，是市场预测的前提和基础。为了占有准确、灵通、丰富的市场信息，除进行市场调查外，还要建立横向和纵向的市场信息交流渠道，成立市场信息库，做好市场信息的积累工作。

2. 市场预测的科学性

市场预测不是占卜算卦、主观臆断，市场预测采用了科学的预测方法。要搞好市场预测，不仅要善于提出问题，而且要善于解决问题，要有善于解决问题的方法和途径。科学的市场预测方法包括定性预测方法和定量预测方法。

3. 市场预测的超前性

市场预测所做的一切调查研究、资料分析、推测判断和预测结果，都是对未来的市场变化趋势做出的超前性分析，其工作和成果都具有超前性。

二、市场预测的内容和分类

(一) 市场预测的内容

市场预测是以市场活动为研究对象，市场活动相当广泛，因而，市场预测内容相当也广泛。在宏观经济管理方面，国家和经营主体都要对行业和产品未来的市场走向和趋势进行预测；在微观经济管理中，企业要对与自身相关的市场环境、商品供求、商品价格、产品营销、市场竞争状况的未来变化趋势不断做出科学的推测与判断。因此，需要按不同的标准和目的对市场预测进行分类。

企业市场预测的主要项目内容包括市场需求变化预测、消费结构变化预测、产品销售预测、产品价格预测、产品生命周期预测、商品资源预测、市场占有率预测、生产技术变化趋势预测、市场环境预测、市场供给预测、市场供求状态预测、消费者购买行为预测、市场行情预测、市场竞争格局预测、企业经营状况预测等。

（二）市场预测分类

1. 按市场预测的空间划分

按市场预测的空间划分，市场预测可分为国际市场预测和国内市场预测。

（1）国际市场预测。以世界范围内某个国家或地区的市场需求及变化为对象进行的预测。这里的国际市场既包括国际地区市场如欧洲市场、北美市场，也包括个别国家的国内市场如美国市场、英国市场等。这主要是为国家或企业参与国际竞争、扩大出口贸易做预测准备。

（2）国内市场预测。以全国范围内的市场状况为预测对象进行的预测。它包括国内统一市场预测、地域性市场预测、地方性市场预测等。此预测主要是为企业确定生产发展的方向，调节全国商品的产供销关系，以及为货源的组织分配等提供依据。

2. 按市场预测的范围分类

（1）宏观市场预测。宏观市场预测是把整个行业发展的总体情况作为研究对象，研究企业生产经营过程中相关宏观环境因素。宏观市场预测同宏观经济预测，即对整个国民经济总量和整个社会经济活动发展前景与趋势的预测相联系。

宏观市场预测是对整个市场的预测分析，其涉及的范围大，牵涉面广。研究总量指标、相对数指标以及平均数指标之间的联系与发展变化趋势。

宏观市场预测对企业确定发展方向和制定营销战略具有重要的指导意义。宏观市场预测的直接目标是商品的全国性市场容量及其趋势变化，商品的国际市场份额及其变化，相关的效益指标及各项经济因素对它的影响。

宏观市场预测的主要预测内容包括：世界、地区、国家经济发展趋势；经济景气变化；金融市场各相关指数变化；生产的发展及其变化；消费需求的变化趋势及对外贸易的变化等内容及其特点；社会商品购买力与商品可供量总额的历史和现状以及今后发展趋势；商品供求量的城乡、地区分布及其发展以及今后发展趋势；商品供求构成的发展趋势及其特点等。

宏观市场预测是微观市场预测的综合与扩大，微观市场预测是宏观市场预测的基础和前提。

（2）中观市场预测。中观市场预测是指地区性市场预测。它的任务在于确定地区性或区域性的市场容量及其变化趋势、商品的地区性或区域性需求结构与销售结构及其变化趋势、相关的效益指标变化趋势及其影响因素的关联分析等。

中观市场预测与中观经济预测紧密相关。中观经济预测是对部门经济或地区经济活动与发展前景的趋势预测，如部门或地区的产业结构、经济规模、发展速度、资源开发、经济效益等。

（3）微观市场预测。微观市场预测是指将预测的范围缩小到某行业、某企业甚至某一类产品或某一项产品上的预测，如行业、企业生产经营的发展变化趋势，某类产品、某项产品的市场需求变化等。微观市场预测是企业制定正确的营销战略的前提条件。

微观市场预测以企业产品的市场需求量、销售量、市场占有率、价格变化趋势、竞争对手营销策略变化、成本与效益指标为其主要预测目标，同时也与相关的其他经济的预测密不可分。企业市场预测的内容项目有以下几种：产品市场需求预测；商品供应预测；市场行情预测；产品生命周期预测；市场其他情况，包括销售渠道、服务满意度、市场占有率预测等。

微观、中观、宏观市场预测三者之间有区别也有联系。在预测活动中可以从微观、中观预测推到宏观预测，形成归纳推理的预测过程；也可以从宏观、中观预测推到微观预测，这便是演绎推理的预测过程。微观市场预测是宏观市场预测的基础和前提；宏观市场预测是微观市场预测的综合与扩大。

3. 按市场预测未来的时间长短分类

（1）短期市场预测。短期市场预测是指以日、周、旬、月为单位，预测期在一年以内的预测。此预测由于预测的时间短、目标明确、背景资料接近市场现状、受外界因素干扰少，所以预测的结果准确度较高。因此，企业常根据预测的结果安排制定短期内的任务或具体实施方案及措施，如年度计划、季度计划等。

（2）中期市场预测。中期预测一般是指未来预测期在 1 ~ 5 年的市场预测。也就是企业跨年度的预测计划，适用于企业的年度计划、三年计划、五年计划，以及企业产品生产、技术开发等方面的发展预测。

（3）长期市场预测。长期市场预测一般是指预测未来期限超过 5 年以上的预测。多数是指企业发展战略性预测，适用于企业生产规模的扩大、企业重大项目规划、企业愿景的实现预测等。相对于企业和国家，也适用于科学、技术、经济开发方面的预测。

长期市场预测，预测期比较长，预测结果受时间影响，准确性相对差一些。现在经济技术发展快，因而，人们的需求和市场变化也很快，所以，在进行市场预测时，大多数是进行短期或中期预测。一般来讲，长期预测是为中短期预测提供分析和依据，中期预测是长期预测的具体化，短期预测是中期预测的执行安排。

4. 按市场预测对象分类

（1）单项商品预测。单项产品预测是指根据市场的具体需求，对单项产品按规格、型号等去预测市场需求量，如对拖拉机、收割机的市场预测。

单项产品预测是市场预测的基础，也是项目评估进行市场预测的主要内容。单项产品预测为企业编制季度生产计划、年度生产计划与安排生产进度提供科学依据。

（2）同类商品预测。同类商品预测是对同类商品的需求量或销售量进行预测，如粮食生产量、市场需求量的预测。商品类别很多，每一类别又分为许多小的类别，同类别的商品具有相似的消费需求，可以对同类商品进行预测，如农机产品市场预测、化肥产品市场预测、农药市场预测等。

（3）商品生命周期预测。商品生命周期是指商品在市场上的销售历程和持续时间，即商品在市场上经历试销、增销、饱和、减销直至退出市场的全部过程。例如，从农用三轮车产品、电风扇产品市场生命周期的变化，可以看出商品生命周期的变化过程。

商品生命周期预测就是对商品进入市场直至退出市场的全过程中所处不同阶段的发展变化前景做出估计。其预测应从供求两个方面综合分析影响商品生命周期的因素，并在此基础上对某商品所处生命周期的不同阶段可能延缓的时间，以及各阶段之间的转折点，特别是需求和销售的饱和点做出定性、定量的推断和估计。

影响商品生命周期的主要因素：购买力水平；商品本身的特点（起决定性的影响）；消费心理、消费习惯、社会风尚的变化（对某些流行商品的影响很大）；商品供求与竞争状况；科学技术的发展，新技术、新工艺、新材料的推广应用；商品的成本、定价。

商品生命周期预测，一般采用以下几种方法。

①销售增长率分析法：以商品的销售量增减快慢的速度，来判定、预测该商品处于生命周期的哪个阶段。

②家庭普及率推断法：主要用于高档耐用消费品生命周期的预测。

③成长曲线分析法：根据某种商品的销售历史时间数列资料，根据时间序列变化趋势建立数学模型，对商品生命周期的变化趋势和转折点做出定量预测。

④同类产品类比法：参考同类产品、相近产品或相关产品在国外或国内其他地区生命周期的发展变化趋势，来推断本地区某种产品生命周期的变化趋势。

（4）目标市场预测。按不同的消费者和消费群体的不同需求划分目标市场，是基本的市场营销策略，也是企业决策的主要内容之一。目标市场预测可以分为城市市场、农村市场，一线城市市场、二线城市市场、三线城市市场，中青年男性市场、中青年女性市场、老年人市场、儿童市场等预测。

此外，还有商品市场需求量预测、市场供给量预测、企业产品市场占有率预测等。

5. 按市场预测方法分类

（1）定性预测。研究和探讨预测对象在未来市场所表现的性质。主要通过对历史资料的分析和对未来条件的研究，凭借预测者的主观经验、业务水平和逻辑推理能力，对未来市场的发展趋势做出推测与判断。定性预测简单易行，在预测精度要求不高时较为可行。

（2）定量预测。确定预测对象在未来市场的可能数量。以准确、全面、系统、及时的资料为依据，运用数学或其他分析手段，建立数学模型，对市场发展趋势做出数量分析。定量预测主要包括时间序列预测与因果关系预测两大类。

三、市场预测的工作步骤

市场预测是一项严密而有序的工作活动，它是由一系列相互关联的工作环节所组成，预测活动中一环扣一环，前一步工作都会给后一步工作带来影响。市场预测活动主要有以下工作步骤组成。

确定预测目标→拟订预测计划→收集整理资料→选择适当的预测方法→建立预测模型→检验评价预测结果→提出市场预测报告

（一）确定预测目标

预测目标是预测的主题，确定预测目标就是要规定预测的内容、范围、要求、期限。确定预测目标是市场预测的首要阶段。整个市场预测都是围绕预测目标展开的，目标确定的好坏直接影响预测的结果。因此，目标确定要求做到准确、清楚和具体。

（二）拟订预测计划

即根据预测目标的内容和要求，对整个预测工作的总体设计。拟订的内容包括预测的项目、预测信息的来源、预测的时间安排、预测的预算估计、预测的分析方法、预测的人员安排及预测结果的提交方式等。

（三）收集和整理资料

即通过各种调查形式，收集、整理、筛选、分析与主题有关的各种资料。这是进行市场预测的一项重要的基础工作。收集的资料可是原始资料，也可是二手资料。在收集整理资料时要注意资料筛选的 3 个原则，即相关性原则、可靠性原则、时效性原则。

（四）选择适当的预测方法

市场预测的方法较多，但并不是每一种方法都适合所有的预测问题，方法的选用是否得当，将直接影响预测结果的精确性和可靠性。因此，在方法的选择上要根据预测的目的、费用、时间、设备和人员等条件选择合适的方法。在市场预测中，常采用的预测方法不外乎两大类，即定性预测法和定量预测法。每一类又有许多具体的方法。而每一种方法有着各自的特点和适用范围。选择方法时要遵循以下3点原则。

1. 应服从于预测目标

也就是说方法的选择应满足目标的要求。因为目标不同，预测的范围、准确度、时间长短等方面就不同。这样选择的方法也就不一样。

2. 要考虑预测对象本身的特点

因为不同的预测对象具有不同的属性和内在的变化特点，所以在方法的选择上也就不一样。例如，对于服装、电子产品等生命周期短的或更新换代快的产品就适合采用定性预测；而对于在市场变化过程中表现为运动速度缓慢、发展平稳的预测对象，一般采用定量预测。

3. 要考虑预测的经济性和准确度的要求

也就是说，要根据预测的目的、费用、时间、设备和人员等条件选择适合的方法。尽可能以最少的支出获得最佳的结果。

（五）建立预测模型

建立预测模型是定量预测的关键，是指根据已获得的数据资料，运用选定的预测方法，先求出参数估计值，再建立预测模型，即预测方程式。通过这个模型就可以分析各种变量间的关系，将有关的数据资料代入方程式中，就可求出初步的预测值。

建立预测模型有 3 种类型：表示预测对象与时间之间的时间关系模型；表示预测对象与影响因素之间的相关关系模型；表示预测对象与其他预测对象之间相互关系的结构关系模型。

（六）检验评价预测结果

通过对初步预测结果的可靠性和准确性的验证，可以估计预测误差的大小。对于定性预测，可分别采用多种定性方法来验证；对于定量预测，则须采用一些专门的检验方式，如 R 检验、F 检验、D-W 检验等。分析预测对象的影响因素是否有显著变化，过去和现在的发展趋势和结构是否延续到未来。如果判断是肯定的，就可基本确定预测结果；若判断是否定的，则应分析原因，修改预测模型，再次进行预测。

（七）提出市场预测报告

即撰写并提交预测报告，其主要内容包括：列出预测目标、预测对象、预测时间、参加人员、参考的资料、具体的预测方法、建立的预测模型，相关因素的分析结果，对预测值的误差大小进行的控制和检验过程、确定的最终预测值，以及实现预测结果的建议和补充。最后是附件部分。

第二章　农产品营销策略

第一节　目标市场营销

农产品营销是市场营销的重要组成部分，是指农产品生产者与经营者、个人与群体在农产品从农户到消费者的流通过程中，实现个人和社会需求目标的各种产品创造和产品交易的一系列活动。农产品营销活动贯穿于农产品生产、流通、交易的全过程。加强农产品市场营销，对于推动农产品市场需求，切实增加农民收入，具有重要意义。

一、市场细分战略

农产品市场细分就是根据农产品总体市场中不同的消费者在需求特点、购买行为和购买习惯等方面的差异性，把农产品总体市场划分为若干个不同类型的消费者群的过程。市场细分是当前我国农产品营销成败的关键，在买方市场条件下，对农产品市场进行细分，将会成为农业发展和农民增收的有效措施。农业企业、农产品经纪人必须在细分市场中正确选择目标市场。

二、目标市场营销策略

随着经济发展和人民生活水平的提高，农产品供求矛盾日益突出。解决供求矛盾的出发点是根据"以消费者为中心"的农产品市场观，切实搞好农产品目标市场营销策略选择与定位。企业通过市场营销调研和市场细分，可以发现许多市场机遇，农业企业要决定采取何种目标市场营销策略，即无差异性市场营销策略、集中性市场营销策略和差异性市场营销策略。要想在市场上塑造出农产品强有力的鲜明特点与个性，必须采取差异化市场营销策略。

（一）无差异性市场营销策略

所谓无差异性市场营销策略，也称为大量营销，是指企业不考虑细分市场的差异性，把整体市场作为目标市场，只推出一种产品，只运用一种市场营销组合，为整个市场提供服务的营销策略。

1. 基本特点

企业不进行市场细分，把整个市场视作一个大的、同质的目标市场，营销活动只注意市场需求共性，而忽略其差异性。实施无差异市场营销策略的企业，可以推出一种类型的标准化产品，使用统一的包装与商标、相同的促销手段，试图以此吸引尽可能多的购买者，为整个市场服务。一般来说，这种目标市场营销策略基于两种不同的指导思想。一种指导思想是市场上的消费者认为某些产品是同质的产品；另一种主导思想是从产品观念出发，忽视需求的差异，强调需求的共性。

2. 优缺点

无差异性市场营销策略的主要优点表现为成本的经济性。单一的产品，大批量的生产、储运和销售，必然降低单位产品的成本；无差异的广告宣传等促销活动可以减少促销费用；不进行市场细分也会相应地减少市场调研、产品开发、制定多种市场营销组合方案等方面的费用。

无差异性市场营销策略的缺点首先是不能满足消费者的多样性需求。消费者的需求客观上是千差万别，并不断变化的。由于消费需求不断变化，许多过去的同质市场已经转变为异质市场或正在向异质市场转化，一种产品长期为所有消费者或用户接受的情况越来越少。其次，当众多企业都采用这一策略时，市场竞争会异常激烈，而一些小的细分市场上的需求却得不到满足，这对营销者和消费者都是不利的。最后，易于受到采用差异性市场营销策略的竞争对手的攻击。采用差异性市场营销策略的竞争对手想方设法为需求不同的顾客提供更适合他们的产品或服务，这使得采用无差异性市场营销策略的公司非常被动。所以，世界上一些曾经长期实行这一策略的企业最终也实行差异性市场营销策略了。

（二）差异性市场营销策略

差异性市场营销策略是在市场细分的基础上，选择两个或两个以上乃至全部细分市场作为目标市场，分别为其设计不同的市场营销策略组合，以满足各个细分市场的需要。这一策略认为消费者的需要是有差异的，不可能使用完全相同的、无差别的产品去满足各类消费者的需要。采用差异性市场营销策略的企业一般是大企业，有较为雄厚的财力、较强的技术力量和素质较高的管理人员，这是实行差异性市场营销策略的必要条件。由于采用差异性市场营销策略必然受到企业资源和条件的限制，小企业往往无力采用。

差异性市场营销策略的优点：可以提高企业产品的适销率和竞争力，减少经营风险，提高市场占有率。因为多种产品能分别满足不同消费者群体的需要，扩大产品销售。某一两种产品经营不善的风险可以由其他产品经营所弥补；如果企业在数个细分市场都能取得较好的经营效果，就能树立企业良好的市场形象，提高市场占有率。所以，目前有越来越多的企业采用差异性市场营销策略。

差异性市场营销策略的缺点：由于运用这种策略的企业进入的细分市场较多，而且针对各个细分市场的需要实行了产品和市场营销组合的多样化策略，随着产品品种增加、销售渠道多样、市场调研和促销宣传活动的扩大与复杂，企业各方面经营成本支出必然会大幅度增加。

（三）集中性市场营销策略

集中性市场营销策略是企业选择一个或少数几个细分市场作为企业的目标市场，集中使用企业的有限资源，力求在选定的狭小的目标市场中占有较大的市场份额。采用集中性市场营销策略的企业往往本身资源能力有限，与其将有限的资源分散使用于众多的细分市场上不为人知，占有极小市场份额，效益极低，不如集中力量，为一个或少数几个细分市场服务。这样，企业能较深入地了解这些细分市场的需求，从而在这个或少数几个细分市场上居于强有力的地位，而且可以节省市场调研、市场营销等费用，提高投资收益率，增加盈利。

这一策略的不足之处是潜伏着较大的风险。有人形容这是把所有鸡蛋放进一个篮子的策略。采用这一策略的企业必须密切注意目标市场的动向，并制定适当的应急措施，以求进可攻，退可守，进退自如。

三、市场定位策略

（一）市场定位的含义

市场定位是企业及产品确定在目标市场上所处的位置。其含义是指企业根据竞争者现有产品在市场上所处的位置，针对顾客对该类产品某些特征或属性的重视程度，为本企业产品塑造与众不同的、给人印象鲜明的形象，并将这种形象生动地传递给顾客，从而使该产品在市场上确定适当的位置。

市场定位并不是本企业对一件产品本身做些什么，而是本企业在潜在消费者的心目中做些什么。市场定位的实质是使本企业与其他企业严格区分开来，使顾客明显感觉和认识到这种差别，从而在顾客心目中占有特殊的位置。

（二）市场定位的步骤

市场定位是指为了使自己生产或销售的产品获得稳定的销路，从各方面为产品培养一定的特色，树立一定的市场形象，以求在顾客心目中形成一种特殊的偏爱。因此，市场定位的关键是企业要设法在自己的产品上找出比竞争者更具有竞争优势的特性。竞争优势一般有两种基本类型，一是价格竞争优势，即在同样的条件下比竞争者定出更低的价格，这就要求企业采取一切努力，力求降低单位成本；二是偏好竞争优势，即能提供确定的特色来满足顾客的特定偏好，这就要求企业采取一切努力在产品特色上下工夫。

（三）影响市场定位策略的因素

农产品经纪人在选择目标市场营销策略时，要作出最佳选择，必须考虑以下几个影响因素。

1. 农产品生产经营的资源

农产品生产经营的资源因素主要是指经营者的人力、物力、财力和技术状况。如果经营者自身（或经济合作组织、生产基地）实力雄厚，可采用无差异性市场营销策略和差异性市场营销策略；如果企业实力有限，无法覆盖整个市场，应采用集中性市场营销策略。

2. 农产品特点

许多农产品是同质性产品，如面粉，它们的差异性较小，产品的竞争主要表现在价格上，较适宜无差异性市场营销策略。对于差异性较大的产品，如乳制品、某些水果等适宜于采用差异性市场营销和集中性市场营销策略。

3. 农产品消费需求的特点

如果消费者对产品的需求比较接近，口味相同，每次购买的数量也大致相同，对销售方式也无特别要求，就可以采用无差异性市场营销策略。反之，市场需求的差别很大，就应采用差异性市场营销或集中性市场营销策略。

4. 农产品市场发展的周期性

由于农产品的特殊性，其市场生命周期有自己的特点。

（1）农产品在市场上消费需求持续的时间长，有些农产品具有永久性需求。如米、面等生活必需品，无论市场如何变化，也无法被其他产品替代。

（2）农产品消费的特殊性。由于受每个人的饮食习惯、社会习俗等影响，即使有其他新产品进入市场，可以替代传统产品，原有产品也不可能都退出市场，还是会与新产品处于竞争的局面，如粮食、蔬菜等。

（3）当某类农产品市场需求减少，营销利润降低，或生产难度增大，造成产量下降，还可以通过生产调整和经营策略调整，维持其生产，并获得较高的利润回报。

（4）有些农产品因生产规模大，市场竞争激烈，销售难，利润低，造成农民生产规模压缩或转产。一旦生产规模下降，消费总量不变，就会出现市场供给困难，此时因农产品生产时间长，农户无法在短期内立即调整生产品种，该类产品就会成为市场供给的紧俏商品，利润率立即提升，并在 3~5 年内对市场有较长的影响。因此，针对农产品市场周期变化，采取相应的定位策略，可以得到较好的经营效果。

（四）市场定位策略

市场定位策略是在竞争环境下，为满足市场需求，针对竞争对手采取的经营手段。市场定位的改变与创新也是获得较好经营效果的策略之一。

1. 避强就虚策略

企业力图避免与实力最强的或较强的其他企业直接发生竞争，而是找到市场"空隙"，将自己的产品定位于另一市场区域内，使自己的产品在某些特征或属性方面与最强或较强的对手有比较显著的区别，从而避开与强有力的竞争对手正面竞争。

2. 强势迎击策略

又称为迎头定位策略，即企业根据自身的实力，为占据较佳的市场位置，采用与竞争对手重合的市场位置，争取同样的目标顾客，但是在产品、价格、分销、供给等方面稍有差别，取得与市场上居于支配地位的竞争对手"对着干"的策略优势。

3. 目标转移策略

企业在选定了市场定位目标后，如定位不准确或虽然开始定位得当，但当市场情况发生变化时，如遇到竞争者定位与本企业接近，侵占了本企业部分市场，或由于某种原因消费者或用户的偏好发生变化，转移到竞争者方面时，就应考虑重新定位。一般来讲，重新定位是农产品经纪人摆脱经营困境、寻求重新获得竞争力的手段。

4. 创新定位策略

寻找新的尚未被占领但有潜在市场需求的位置，填补市场上的空缺，生产市场上没有的、具备某种特色的产品。采用这种定位方式时，企业应明确创新定位所需的产品在技术上、经济上是否可行，有无足够的市场容量，能否为企业带来合理而持续的盈利。

(五) 市场定位的原则

由于各个企业经营的产品、面对的顾客、所处的竞争环境不同，因而市场定位所依据的原则也不同。因为要体现企业及其产品的形象，市场定位必须是多维度的、多侧面的。所以许多企业进行市场定位所依据的原则往往不止一个，而是多个原则同时使用。一般来讲，市场定位所依据的原则有以下四点。

1. 根据具体的产品特点定位

构成产品内在特色的许多因素都可以作为市场定位所依据的原则，如所含成分、材料、质量、价格等。如"七喜"汽水的定位是"非可乐"，强调它是不含咖啡因的饮料，与可乐类饮料不同。

2. 根据特定的使用场合及用途定位

为老产品找到一种新用途，是为该产品创造新的市场定位的好方法。我国曾有一家生产"曲奇饼干"的厂家，最初将其产品定位为家庭休闲食品，后来又发现不少顾客购买是为了馈赠，又将之定位为礼品。

3. 根据顾客得到的利益定位

产品提供给顾客的利益是顾客最能切实体验到的，也可以用作定位的依据。美国米勒（Miller）推出了一种低热量的"Lite"牌啤酒，将其定位为喝了不会发胖的啤酒，迎合了那些经常饮用啤酒而又担心发胖的消费者的需要。

4. 根据使用者类型定位

企业常常试图将其产品指向某一类特定的使用者，以便根据这些顾客的看法塑造恰当的形象。美国米勒啤酒公司曾将其原来唯一的品牌"高生"啤酒定位于"啤酒中的香槟"，吸引了许多不常饮用啤酒的高收入妇女。后来发现，占30%的狂饮者大约消费了啤酒销量的80%，于是，该公司在广告中展示石油工人钻井成功后狂欢的镜头，还有年轻人在沙滩上冲刺后开怀畅饮的镜头，塑造了一个"精力充沛的形象"。在广告中提出"有空就喝米勒"，从而成功占领啤酒狂饮者市场达10年之久。

第二节　产品策略

企业在其产品营销战略确定后，在实施中所采取的一系列有关产品本身的具体营销策略，主要包括商标、品牌、包装、产品组合、产品生命周期等方面的具体实施策略。

一、农产品整体概念

市场上的产品通常分为有形产品和无形产品两种。农产品的产品策略是针对产品的不同形式，实现多层次、多角度的营销策划，将产品各种形式的功能开发出来，推进产品市场经营的创新。在产品策略理论中，一般将产品分为3个层次：产品核心层、产品形式层和产品附加层。

农产品核心层，是指农产品提供给消费者的实际利益和效用，并由此产生的经营效果，这是最基本的层次。

农产品形式层，是指由农产品核心层决定的外部特征，也就是农产品在销售时产品借以体现的形式，一般表现为产品的外观、品质、特色、包装、品级及品牌等。

农产品附加层，是指为实现农产品营销所提供的必要服务和条件，是消费者购买农产品时所获得的全部附加服务和利益，包括咨询、运送、保证、支付方式、品尝或更换等。

农产品的营销策划，就要在这 3 个层次上有计划地进行。近年来越来越多的无形产品创新，大幅度地提高了农产品附加值，并且还有很大的开发潜力和广阔的发展空间。

二、新产品策略

新产品是指采用新技术原理、新设计构思研制、生产的全新产品，或在结构、材质、工艺等某一方面比原有产品有明显改进，从而显著提高了产品性能或扩大了使用功能的产品。

对新产品的定义可以从企业、市场和技术 3 个角度进行。对企业而言，第一次生产销售的产品都叫新产品；对市场来讲则不然，只有第一次出现的产品才叫新产品；从技术方面看，在产品的原理、结构、功能和形式上发生了改变的产品叫新产品。从市场营销的角度看，新产品包括了前面三者的成分，但更注重消费者的感受与认同，它是从产品整体性概念的角度来定义的。凡是产品整体性概念中任何一部分的创新、改进，能给消费者带来某种新的感受、满足和利益的相对新的或绝对新的产品，都叫新产品。

三、农产品包装策略

（一）农产品包装的作用

农产品包装包含两个层次：一是农产品包装的容器和外部包装材料，即包装器材；二是包装农产品的操作过程，即包装方法。在实际工作中，二者往往难以分开，故统称为产品包装。产品包装是保护农产品数量与质量完整性的必要工序。农产品包装的作用在于可以直接影响农产品保鲜、价值提升与销路。因此，对绝大多数的农产品来说，包装是农产品运输、储存、销售不可缺少的必要条件和产品增值的组成部分。

（二）农产品包装的分类

按不同的标准可将农产品包装分为以下几种类型。

（1）按产品经营方式可分为内销产品包装、出口产品包装、特殊产品包装。

（2）按包装在流通过程中的作用可分为单件包装、中包装和外包装等。单件包装是指农产品在运输、装卸、储存中作为一个计件单位的包装，如纸箱、木箱、铁桶、纸袋、麻袋等。

（3）按包装制品材料可分为纸制品包装、塑料制品包装、金属包装、竹木器包装、玻璃容器包装和复合材料包装等。

（4）按包装使用次数可分为一次用包装、多次用包装和周转包装等。周转包装是介于器具和运输包装之间的一类容器，实质是一类反复使用的转运器具。

（5）按包装容器的软硬程度可分为硬包装、半硬包装和软包装等。

（6）按功能可分为运输包装、贮藏包装和销售包装等。运输包装又称大包装、外包装，主要是将货物装入特定容器，或以特定方式成件或成箱地包装。其作用主要是保护货物在长时间和远距离的运输过程中不被损坏和散失，方便货物的搬运、储存和运输。销售包装又称小包装、内包装或直接包装，是指产品以适当的材料或容器进行的初次包装。销售包装除保护农产品的品质外，还能美化农产品，促进宣传推广，便于陈列展销，吸引顾客和方便消费者进行识别、选购、携带和使用，从而能够起到促进销售、提高农产品价值的作用。

（7）按包装技术方法可分为防震包装、防湿包装、防锈包装、防霉包装等。

（三）农产品包装的设计原则

农产品的包装设计应遵循6项原则。

（1）安全性原则。设计的包装要能够保证产品运输途中和销售时的安全，如鸡蛋的包装一定要结实、有弹性、防震性好，保证鸡蛋在运输和销售过程中不会因颠簸或多次摆放而破损。同时还要保证消费者使用的安全，如过去国家对果冻的包装没有明确的规定，一些果冻的形状直径较小，设计的包装也小型化，虽然便于携带，但却发生过幼童吃果冻时被噎住造成窒息的悲剧。

（2）方便存放。一般长方形包装有利于节省空间和方便运输时摆放，圆形的盒子所占空间大，不利于存放。同时，包装的设计要方便消费者多样性的需求和使用，可以促进产品的销售。目前很多农产品为了方便消费者食用，一般采用小包装、一次性的包装形式。

（3）美观大方。美观大方的包装设计能给消费者带来视觉冲击，吸引消费者的注意力，从而激发消费者的购买欲望。从心理学的角度来说，红色、橙黄色、紫色与金黄色搭配，白色与蓝色搭配，黄色与黑色搭配等，都可以吸引人的视觉注意，灰色是最不能引起人们注意的颜色，所以一般不用灰色作为包装的颜色。

（4）与产品质量匹配。高质量的产品要通过精美的包装来体现，否则，会让消费者从视觉上对产品的质量认同打折扣。当然，高档精美包装不能过度，否则也会降低消费需求。对于低档的产品，也应注意适度包装。没有包装的产品是难以提高价格的，但过度包装，将使消费者产生上当受骗的心理，也会影响产品的声誉和销售。

（5）适应性原则。不同地域、不同时代，消费者的价值观念、风俗习惯、审美观念等具有很大的差别，包装设计的过程中必须充分重视这些差别，否则很难取得消费者的认同。例如，销往非洲某国家的水果罐头，包装上设计了一个美女的头像，这种罐头在非洲无人问津，究其原因：当地人一般认为，包装外观上的形象与里面的产品是一致的，因此包装上绘制什么图案，就意味着里面放什么东西。不同的国家对包装物材料的使用、包装物的结构等有不同的规定，包装设计不能违反这些规定，否则，产品将无法销售。《中华人民共和国食品安全法》中对食品的包装材料、外观都有明确规定。

（6）印在包装外部的产品介绍必须完整、清楚。包括：产品名称、别名或俗称，产品产地及其生产单位（公司、合作社、企业或园区等）、联系方式、地址，产品特性介绍，产品要素及含量，产品适宜的人群，产品功效或作用，产品食用方法或操作程序、产品食用或使用时的禁忌或注意事项、产品食用或使用的有效期限，产品技术含量或标准，产品生长或生产环境及其相应采用的新的管理手段等。有些特色产品甚至要说明使用的土质或水源、气候环境。对于一些出口的农产品还须用相应的外文给予说明，否则在国际市场上难以销售。

（四）农产品包装策略

（1）统一包装策略。又称为类似包装策略，指同一个厂家的不同产品包装，从材料选用、图案设计、颜色搭配等方面都采用统一的风格，可以树立产品的厂家品牌形象，使人容易分辨。对于忠实于本企业的顾客，类似包装无疑具有促销的作用，企业还可因此而节省包装的设计、制作费用。但类似包装策略只能适宜于质量相同的产品，对于品种差异大、质量水平悬殊的产品则不宜采用。

（2）等级包装策略。指按照产品的等级，采用相应的包装，使消费者通过包装能分辨产品的档次。许多水果在销售时经常使用等级包装策略。

（3）配套包装策略。按各地消费者的消费习惯，将数种有关联的产品配套包装在一起成套供应，通常采用礼盒形式的包装，便于消费者购买、使用和携带，同时还可扩大产品的销售。如同床单、被罩、枕套等床上用品配套包装一样，农产品也比较多地采用这种形式。在配套产品中如加进某种新产品，可使消费者不知不觉地习惯使用新产品，有利于新产品上市和普及。

（4）再使用包装策略。又称为复用包装策略，指产品的包装在产品用完之后还可以用于其他的用途。有时消费者正是因为看重某一产品包装的再使用价值，而在同类产品中选择所看重包装的产品。这种包装策略可使消费者感到一物多用而引起其购买欲望，而且包装物的重复使用也起到了对产品的广告宣传作用。

（5）赠品包装策略。指将不同的产品放在一起，其中有主卖产品，也有附赠品。这种包装也会因附赠品的使用价值，引起消费者的购买欲望，达到促销目的。例如一些农产品销售时附带礼券，注明："购买该产品，可以参加抽奖，有机会到郊区某地一日游"等。

（6）改变包装策略。即改变和放弃原有的产品包装，改用新的包装。由于包装技术、包装材料的不断更新，消费者的偏好不断变化，采用新的包装以弥补原包装的不足，企业在改变包装的同时必须配合好宣传工作，以消除消费者以为产品质量下降或其他的误解。我国的农产品生产具有悠久的传统，但落后的包装常常不利于产品销售。例如，鸡蛋、水果、特色蔬菜、粮食等产品一律采用长方盒形式，低、中、高不同档次也采用同一种形式的包装，不利于产品等级、特色、优势的显示。

第三节 价格策略

所有营利性组织和许多非营利性组织都必须为自己的产品或服务定价。在营销组合中，价格是唯一能创造收益的因素，其他因素都表现为成本。价格是最容易调节的营销组合因素，同时也是企业产品或品牌的意愿价格同市场交流的纽带。价格通常是营销产品销售的关键因素，是营销成功与否的决定性因素之一。

一、价格的定义

从最狭义的角度来说，价格是对一种产品或服务的标价；从广义的角度来看，价格是消费者在交换中所获得的产品或服务的价值。价格并非是一个数字或一种术语，它可以用许多名目出现，大致可以分为商品价格和服务价格两大类。商品价格是各类有形产品和无形产品的价格，货物贸易中的商品价格称为价格；服务价格是各类有偿服务的收费，服务贸易中的商品价格称为费，如运输费或交通费、保险费、利息、学费、服务费、租金、特殊收费、薪金、佣金、工资等。

二、价格的构成

商品价格的形成要素及其组合，亦称价格构成。它反映商品在生产和流通过程中物质耗费的补偿，以及新创造价值的分配，一般包括生产成本、流通费用、税金和利润4个部分。

价格=生产成本+流通费用+税金+利润

生产成本和流通费用构成商品生产和销售中所耗费用的总和，即成本。这是商品价格的最低界限，是商品生产经营活动得以正常进行的必要条件。生产成本是商品价格的主要构成部分。构成商品价格的生产成本，不是个别企业的成本，而是行业（部门）的平均成本，即社会成本。流通费用包括生产单位支出的销售费用和商业部门支出的商业费用。商品价格中的流通费用是以商品在正常经营条件下的平均费用为标准计算的。

税金和利润是构成商品价格中盈利的两个部分。税金是国家通过税法，按照一定标准，强制地向商品的生产经营者征收的预算缴款。按照税金是否计入商品价格，可以分为价内税和价外税。利润是商品价格减去生产成本、流通费用和税金后的余额。按照商品生产经营的流通环节，可以分为生产利润和商业利润。

三、选择定价方法

定价方法，是企业在特定的定价目标指导下，依据对成本、需求及竞争等状况的研究，运用价格决策理论，对产品价格进行计算的具体方法。定价方法主要包括成本导向、竞争导向和顾客导向 3 种类型。

（一）成本导向定价法

以产品单位成本为基本依据，再加上预期利润来确定价格的成本导向定价法，是中外企业最常用、最基本的定价方法。成本导向定价法又衍生出了总成本加成定价法、目标收益定价法、边际成本定价法、盈亏平衡定价法等几种具体的定价方法。

（1）总成本加成定价法。在这种定价方法下，把所有为生产某种产品而发生的耗费均计入成本的范围，计算单位产品的变动成本，合理分摊相应的固定成本，再按一定的目标利润率来决定价格。

（2）目标收益定价法。目标收益定价法又称投资收益率定价法，是根据企业的投资总额、预期销量和投资回收期等因素来确定价格。

（3）边际成本定价法。边际成本是指每增加或减少单位产品所引起的总成本变化量。由于边际成本与变动成本比较接近，而变动成本的计算更容易一些，所以在定价实务中多用变动成本替代边际成本，而将边际成本定价法称为变动成本定价法。

（4）盈亏平衡定价法。在销量既定的条件下，企业产品的价格必须达到一定的水平才能做到盈亏平衡、收支相抵。既定的销量就称为盈亏平衡点，这种制定价格的方法就称为盈亏平衡定价法。科学地预测销量和已知固定成本、变动成本是盈亏平衡定价的前提。

（二）竞争导向定价法

在竞争十分激烈的市场上，企业通过研究竞争对手的生产条件、服务状况、价格水平等因素，依据自身的竞争实力，参考成本和供求状况来确定商品价格。这种定价方法就是通常所说的竞争导向定价法。竞争导向定价法主要包括以下几种。

（1）随行就市定价法。在垄断竞争和完全竞争的市场结构条件下，任何一家企业都无法凭借自己的实力而在市场上取得绝对的优势，为了避免竞争特别是价格竞争带来的损失，大多数企业都采用随行就市定价法，即将本企业某产品价格保持在市场平均价格水平上，利用这样的价格来获得平均报酬。此外，采用随行就市定价法，企业就不必去全面了解消费者对不同价差的反应，也不会引起价格波动。

（2）产品差别定价法。产品差别定价法是指企业通过不同营销努力，使同种同质的产品在消费者心目中树立起不同的产品形象，进而根据自身特点，选取低于或高于竞争者的价格作为本企业产品价格。因此，产品差别定价法是一种进攻性的定价方法。

（3）密封投标定价法。在国内外，许多大宗商品、原材料、成套设备和建筑工程项目的买卖和承包以及出售小型企业等，往往采用发包人招标、承包人投标的方式来选择承包者，确定最终承包价格。一般来说，招标方只有一个，处于相对垄断地位，而投标方有多个，处于相互竞争地位。标的物的价格由参与投标的各个企业在相互独立的条件下来确定。在买方招标的所有投标者中，报价最低的投标者通常中标，它的报价就是承包价格。这样一种竞争性的定价方法就称密封投标定价法。

（三）顾客导向定价法

现代市场营销观念要求企业的一切生产经营必须以消费者需求为中心，并在产品、价格、分销和促销等方面予以充分体现。根据市场需求状况和消费者对产品的感觉差异来确定价格的方法叫做顾客导向定价法，又称市场导向定价法、需求导向定价法。顾客导向定价法主要包括理解价值定价法、需求差异定价法和逆向定价法。

（1）理解价值定价法。所谓理解价值，是指消费者对某种商品价值的主观评判。理解价值定价法是指企业以消费者对商品价值的理解度为定价依据，运用各种营销策略和手段，影响消费者对商品价值的认知，形成对企业有利的价值观念，再根据商品在消费者心目中的价值来制定价格。

（2）需求差异定价法。所谓需求差异定价法，是指产品价格的确定以需求为依据，首先强调适应消费者需求的不同特性，而将成本补偿放在次要的地位。这种定价方法，对同一商品在同一市场上制订两个或两个以上的价格，或使不同商品价格之间的差额大于其成本之间的差额。其好处是可以使企业定价最大限度地符合市场需求，促进商品销售，有利于企业获取最佳的经济效益。

（3）逆向定价法。这种定价方法主要不是考虑产品成本，而重点考虑需求状况。依据消费者能够接受的最终销售价格，逆向推算出中间商的批发价和生产企业的出厂价格。逆向定价法的特点是：价格能反映市场需求情况，有利于加强与中间商的良好关系，保证中间商的正常利润，使产品迅速向市场渗透，并可根据市场供求情况及时调整，定价比较灵活。

四、影响价格制定的因素

企业最后拟定的价格必须考虑以下因素。

最后价格必须同企业定价政策相符合。企业的定价政策是指：明确企业需要的定价形象、对价格折扣的态度以及对竞争者价格的指导思想。

最后价格还必须考虑是否符合政府有关部门的政策和法令的规定。

最后价格还要考虑消费者的心理。利用消费者心理，采取声望定价，把实际上价值不大的商品的价格定得很高，或者采用奇数定价，以促进销售。

选定最后价格时，还须考虑企业内部有关人员（如推销人员、广告人员等）对定价的意见，考虑经销商、供应商等对所定价格的意见，考虑竞争对手对所定价格的反应。

五、定价策略

价格是企业竞争的主要手段之一，企业除根据不同的定价目标、选择不同的定价方法外，还要根据复杂的市场情况，采用灵活多变的方式确定产品的价格。

（一）新产品定价

（1）撇脂定价法。新产品上市之初，将价格定得较高，在短期内获取厚利，尽快收回投资。就像从牛奶中撇取所含的奶油一样，取其精华，称之为撇脂定价法。这种方法适合需求弹性较小的细分市场，其优点：新产品上市，顾客对其无理性认识，利用较高价格可以提高身价，适应顾客求新心理，有助于开拓市场；主动性大，产品进入成熟期后，价格可分阶段逐步下降，有利于吸引新的购买者；价格高，限制需求量过于迅速增加，使其与生产能力相适应。缺点：获利大，不利于扩大市场，并很快招来竞争者，会迫使价格下降，好景不长。

（2）渗透定价法。在新产品投放市场时，价格定得尽可能低一些，其目的是获得最高销售量和最大市场占有率。当新产品没有显著特色，竞争激烈，需求弹性较大时宜采用渗透定价法。其优点：产品能迅速为市场所接受，打开销路，增加产量，使成本随生产发展而下降；低价薄利，使竞争者望而却步、减缓竞争，获得一定市场优势。

对于企业来说，采取撇脂定价还是渗透定价，需要综合考虑市场需求、竞争、供给、市场潜力、价格弹性、产品特性、企业发展战略等因素。

（二）心理定价

（1）尾数定价或整数定价。许多商品的价格，宁可定为0.98元或0.99元，而不定为1元，是适应消费者购买心理的一种取舍。尾数定价使消费者产生一种"价廉"的错觉，比定为1元反应积极，促进销售。相反，有的商品不定价为9.8元，而定为10元，同样使消费者产生一种错觉，迎合消费者"便宜无好货，好货不便宜"的心理。

（2）声望性定价。此种定价法有两个目的：一是提高产品的形象，以价格说明其名贵名优；二是满足购买者的地位欲望，适应购买者的消费心理。

（3）习惯性定价。某种商品，由于同类产品多，在市场上形成了一种习惯价格，个别生产者难于改变。降价易引起消费者对品质的怀疑，涨价则可能受到消费者的抵制。

（三）折扣定价

大多数企业通常都酌情调整其基本价格，以鼓励顾客及早付清货款、大量购买或增加淡季购买。这种价格调整叫做价格折扣或折让。

（1）现金折扣。是对及时付清账款的购买者的一种价格折扣。例如"2/10，净30"，表示付款期是30天，如果在成交后10天内付款，给予2%的现金折扣。许多行业习惯采用此法以加速资金周转，减少收账费用和坏账。

（2）数量折扣。是企业给那些大量购买某种产品的顾客的一种折扣，以鼓励顾客购买更多的货物。大量购买能使企业降低生产、销售等环节的成本费用。例如，顾客购买某种商品100单位以下，每单位10元；购买100单位以上，每单位9元。

（3）职能折扣，也叫贸易折扣。是制造商给予中间商的一种额外折扣，使中间商可以获得低于目录价格的价格。

（4）季节折扣。是企业鼓励顾客淡季购买的一种减让，使企业的生产和销售一年四季能保持相对稳定。

（5）推广津贴。为扩大产品销路，生产企业向中间商提供促销津贴。如零售商为企业产品刊登广告或设立橱窗，生产企业除负担部分广告费外，还在产品价格上给予一定优惠。

（四）歧视定价

企业往往根据不同顾客、不同时间和场所来调整产品价格，实行差别定价，即对同一产品或劳务定出两种或多种价格，但这种差别不反映成本的变化。主要有以下几种形式。

（1）对不同顾客群定不同的价格。

（2）不同的花色品种、式样定不同的价格。

（3）不同的部位定不同的价格。

（4）不同时间定不同的价格。

实行歧视定价的前提条件是：市场必须是可细分的，且各细分市场的需求强度是不同的，商品不可能转手倒卖，高价市场上不可能有竞争者削价竞销，定价不违法，不会引起顾客反感。

第四节　促销策略

促销策略是市场营销组合的基本策略之一。促销策略是指企业如何通过人员推销、广告、公共关系和营业推广等各种促销方式，向消费者或用户传递产品信息，引起他们的注意和兴趣，激发他们的购买欲望和购买行为，以达到扩大销售的目的。

一、促销方式

企业将合适的产品在适当地点以适当的价格出售的信息传递到目标市场，一般是通过两种方式：一是人员推销，即推销员和顾客面对面地进行推销；另一种是非人员推销，即通过大众传播媒介在同一时间向大量顾客传递信息，主要包括广告、公共关系和营业推广等多种方式。这两种推销方式各有利弊，起着相互补充的作用。此外，目录、通告、赠品、店标、陈列、示范、展销等也都属于促销策略范围。

一个好的促销策略，往往能起到多方面作用，如提供信息情况，及时引导采购；激发购买欲望，扩大产品需求；突出产品特点，建立产品形象；维持市场份额，巩固市场地位等。

二、促销策略类型

根据促销手段的出发点与作用的不同，可分为两种促销策略。

（一）推式策略

即以直接方式，运用人员推销手段，把产品推向销售渠道。其作用路线为企业的推销员把产品或劳务推荐给批发商，再由批发商推荐给零售商，最后由零售商推荐给最终消费者。该策略适用于以下几种情况。

（1）企业经营规模小，或无足够资金用以执行完善的广告计划。

（2）市场较集中，分销渠道短，销售队伍大。

（3）产品具有很高的单位价值，如特殊品、选购品等。

（4）产品的使用、维修、保养方法需要进行示范。

（二）拉式策略

采取间接方式，通过广告和公共宣传等措施吸引最终消费者，使消费者对企业的产品或劳务产生兴趣，从而引起需求，主动去购买商品。其作用路线为企业将消费者引向零售商，将零售商引向批发商，将批发商引向生产企业。这种策略适用于以下几种情况。

（1）市场广大，产品多属便利品。

（2）商品信息必须以最快速度告知广大消费者。

（3）对产品的初始需求已呈现出有利的趋势，市场需求日渐上升。

（4）产品具有独特性能，与其他产品的区别显而易见。

（5）能引起消费者某种特殊情感的产品。

（6）有充分资金用于广告。

三、广告策略

广告策略是指广告策划者在广告信息传播过程中，为实现广告战略目标所采取的对策和应用的方法、手段。广告策略有以下几种主要类型。

（一）生活信息广告策略

这主要是针对理智购买的消费者而采用的广告策略。这种广告策略，通过类似新闻报道的手法，让消费者马上能够获得有益于生活的信息。

（二）塑造企业形象广告策略

这种广告策略一般来说，适合于老厂、名厂的传统优质名牌产品。这种广告策略主要是强调企业规模的大小及其历史性，从而诱使消费者依赖其商品服务形式，也有的是针对其产品在该行业同类产品中的领先地位，以在消费者心目中树立领导者地位。

（三）象征广告策略

这种广告策略，主要是为了调动心理效应而制定的。企业或商品通过借用一种东西、符号或人物来代表商品，以此种形式来塑造企业的形象，给予人们以情感上的感染，唤起人们对产品质地、特点、效益的联想。同时，由于把企业和产品的形象高度概况和集中在某一象征上，能够有益于记忆，扩大影响。

（四）承诺式广告策略

这是企业为使其产品赢得用户的依赖而在广告中作出某种承诺式保证的广告策略。值得一提的是承诺式广告的应用，在老产品与新产品上的感受力度和信任程度有所不同。承诺式广告策略的真谛是：所作出的承诺，必须确实能够达到。否则，就变成更加地道的欺骗广告了。

（五）推荐式广告策略

企业与商品自卖自夸的保证，未必一定能说服人。于是，就要采用第三者向消费者强调某商品或某企业的特征的推荐式广告策略，以取得消费者的信赖。所以这种广告策略，又可称为证言形式。对于某种商品，专家权威的肯定、科研部门的鉴定、历史资料的印证、科学原理的论证，都是一种很有力的证言，可以产生"威信效应"，从而导致信任。在许多场合，人们产生购买动机，是因为接受了有威信的宣传。

（六）比较性广告策略

这是一种针对竞争对手而采用的广告策略，即是将两种商品同时并列，加以比较。欧美的一些国家广告较多地运用这种策略。"不怕不识货，就怕货比货。"比较，可以体现产品的特异性能，是调动信任的有效方法，比较的方法主要有功能对比、革新对比、品质对比。

（七）打击伪冒广告策略

这是针对伪冒者而采取的广告策略。鉴于市场上不断出现伪冒品，为避免鱼目混珠，维护企业名牌产品的信誉，就需在广告中提醒消费者注意其名牌产品的商标，以防上当。

（八）人性广告策略

这是把人类心理上变化万千的感受加以提炼和概括，结合商品的性能、功能和用途，以喜怒哀乐的感情在广告中表现出来。其最佳的表现手法是塑造消费者使用该产品后的欢乐气氛，通过表现消费者心理上的满足，来保持该产品的长期性好感。

（九）猜谜式广告策略

即不直接说明是什么商品，而是将商品渐次地表现出来，让消费者好奇而加以猜测，然后一语道破。这种策略适宜于尚未发售之前的商品。猜谜式广告策略，看起来似乎延缓了广告内容的出台时间，其实却延长了人们对广告的感受时间。通过悬念的出现，使原来呈纷乱状态的顾客心理指向，在一定时间内围绕特定对象集中起来，为顾客接受广告内容创造了比较好的感受环境和心理准备，为顾客以后更有效地接受广告埋下了伏笔。

（十）如实广告策略

这是一种貌似否定商品、实际强化商品形象、争取信任的广告策略。这与竭力宣传本商品各种优点、唯恐令人不信的广告有很大区别。如实广告就是针对消费者不了解商品的情况，如实告诉消费者应当了解的情况。

四、公共关系策略

（一）公共关系含义

公共关系是指某一组织为改善与社会公众的关系，促进公众对组织的认识、理解及支持，达到树立良好组织形象、促进商品销售的目的的一系列促销活动。它本意是社会组织、集体或个人必须与其周围的各种内部、外部公众建立良好的关系。

（二）公共关系策略

公共关系策略就是企业通过对周边生产经营环境进行沟通和协调，营造利于公司的生产经营活动环境的组织或个人的行为。它的协调职能属于管理范畴。其目标就是营造企业的内外部良好的经营生态环境，其对象是那些掌握资源的特定人（群），并通过对目标人群进行宣传、沟通和协调，以争取目标人群对自身的认可和支持。

（三）公共关系活动内容

公共关系不仅是一种促销手段，而且是企业重要的管理部门，它主要协助企业决策部门或职能管理部门处理各种问题和难题。其主要活动内容如下。

（1）办好内部刊物。这是企业内部公关的主要内容。企业各种信息载体是管理者和员工的舆论阵地，是促销信息、凝聚人心的重要工具。

（2）发布新闻。由公关人员将企业的重大活动、重要的政策以及各种新奇、创新的思路编写成新闻稿，借助媒体或其他宣传手段传播出去，帮助企业树立形象。

（3）举办记者招待会。邀请新闻记者，发布企业信息。通过记者传播企业重要的政策和商品信息，可引起公众的注意。

（4）设计公众活动。通过各类捐助、赞助活动，努力展示企业关爱社会的责任感，树立企业美好的形象。

（5）策划企业的庆典或特殊纪念活动。营造热烈、祥和的气氛，显现企业蒸蒸日上的风貌，以树立公众对企业的信心和偏爱。

（6）制造新闻事件。制造新闻事件能起到轰动的效应，常常引起社会公众的强烈反响。

（7）散发企业宣传材料。公关部门要为企业设计精美的宣传册或画片、资料等，这些资料在适当的时机，向相关公众发放，可以增进公众对企业的认知和了解，从而扩大企业的影响。

五、营业推广策略

（一）营业推广

营业推广是一种适宜于短期推销的促销方法，是企业为鼓励购买、销售商品和劳务而采取的除广告、公关和人员推销之外的所有企业营销活动的总称。营业推广方案是营业推广的内容之一。

（二）营业推广方案的内容

（1）奖励规模。营业推广的实质就是对消费者、中间商和推销员予以奖励，所以企业在制定具体营业推广方案时应首先决定奖励的规模。在确定奖励规模时，最重要的是进行成本效益分析。假定奖励规模为 1 万元，如果因销售额扩大而带来的利润大大超过 1 万元，那么奖励规模还可扩大；如果利润增加额少于 1 万元，则这种奖励是得不偿失的。营业推广的这种成本效益分析，可为制定有关奖励规模的决策提供必要的数据。

（2）奖励对象。企业应决定奖励哪些顾客才能最有效地扩大销售。一般来讲，应奖励那些现实的或可能的长期顾客。

（3）发奖途径。企业还应决定通过哪些途径来发奖，例如，代价券可放在商品包装里分发，或通过广告媒介和直接邮寄分发，也可以通过网络途径分发。在选择分发途径时，既要考虑各种途径的传播范围，又要考虑成本。

（4）奖励期限。如果奖励的期限太短，许多消费者可能由于恰好在这一期限内没有购买而得不到奖励，从而影响营业推广的效果；反之，如果奖励的期限太长，又不利于促使消费者立即作出购买决策。

（5）总预算。确定营业推广预算的方法有两种：一是先确定营业推广的方式，然后再预计其总费用；二是在一定时期的促销总预算中拨出一定比例用于营业推广。后者较为常用。

（三）营业推广的方式

1. 面向消费者的营业推广方式

（1）赠送促销。向消费者赠送样品或试用品。赠送样品是介绍新产品最有效的方法，缺点是费用高。样品可以选择在商店或闹市区散发，或在其他产品中附送，也可以公开广告赠送或入户派送。

（2）折价券。在购买某种商品时，持券可以免付一定金额的钱。折价券可以通过广告或直邮的方式发送。

（3）包装促销。以较优惠的价格提供组合包装和搭配包装的产品。

（4）抽奖促销。顾客购买一定的产品之后可获得抽奖券，凭券进行抽奖获得奖品或奖金。抽奖可以有各种形式。

（5）现场演示。企业派促销员在销售现场演示本企业的产品，向消费者介绍产品的特点、用途和使用方法等。

（6）联合推广。企业与零售商联合促销，将一些能显示企业优势和特征的产品在商场集中陈列，边展边销。

（7）参与促销。消费者参与各种促销活动，如技能竞赛、知识比赛等活动，能获取企业的奖励。

（8）会议促销。各类展销会、博览会、业务洽谈会期间的各种现场产品介绍、推广和销售活动。

2. 面向中间商的营业推广方式

（1）批发回扣。企业为争取批发商或零售商多购进自己的产品，在某一时期内给经销本企业产品的批发商或零售商加大回扣比例。

（2）推广津贴。企业为促使中间商购进企业产品并帮助企业推销产品，可以支付给中间商一定的推广津贴。

（3）销售竞赛。根据各个中间商销售本企业产品的实绩，分别给优胜者以不同的奖励，如现金奖、实物奖、免费旅游、度假奖等，以起到激励的作用。

（4）扶持零售商。生产商对零售商专柜的装潢予以资助，提供 POP 广告，以强化零售网络，促使销售额增加；可派遣厂方信息员代培销售人员。生产商这样做目的是提高中间商推销本企业产品的积极性和能力。

3. 面向内部员工的营业推广方式

主要是针对企业内部的销售人员，鼓励他们热情推销产品或处理某些老产品，或促使他们积极开拓新市场。一般可采用的方法有销售竞赛、免费提供人员培训、技术指导等形式。

第五节　渠道策略

企业营销渠道的选择将直接影响其他的营销决策，如产品的定价。它同产品策略、价格策略、促销策略一样，也是企业是否能够成功开拓市场、实现销售及经营目标的重要手段。随着市场发展进入新阶段，企业的营销渠道不断发生新的变革，旧的渠道模式已不能适应形势的变化。

一、综合性分销渠道策略

运用多种分销渠道综合推销自己的产品，通过批发商把产品分布到各零售点，销售面十分广泛，竞争性特别强。适用于日用消费品和生活必需品的销售。

二、选择性分销渠道策略

由于产品的特殊性，或经营者能力的限制以及用户的偏好等，经营者要选择较为合理的、有效的分销渠道作为自己产品的理想销售线路。

三、独家分销渠道策略

在某一特定市场，经营者仅选择一家批发商或零售商专门销售其产品，一般情况下，这些经销或代理商不再经营其他同类产品。这一策略适用于消费品中的选购品，如农业机械。但独家经销容易因推销力量不足而失去市场，对生产者和经销商来说，风险都大。

第三章　农产品网络营销

第一节　网络视频营销

视频营销指的是企业将各种视频短片以各种形式放到互联网上，达到一定宣传目的的营销手段。

视频营销中的视频包含影视广告、网络视频、宣传片、微电影等各种方式。视频营销归根到底是营销活动，因此，成功的视频营销，不仅要有高水准的视频制作，更要发掘营销内容的亮点。

网络视频广告的形式类似于电视视频短片，平台却在互联网上。视频与互联网的结合，让这种创新营销形式同时具备了两者的优点。它有电视短片的种种特征，例如感染力强、形式内容多样、创意肆意等，又有互联网营销的优势。

很多互联网营销公司纷纷推出视频营销这一服务项目，并以其创新形式受到客户的关注。如优拓视频整合行销，就是用视频来进行媒介传递的营销行为，包括视频策划、视频制作、视频传播整个过程。

网络视频营销是把产品或品牌信息植入视频中，产生一种视觉冲击力和表现张力，通过网民的力量实现自传播，达到营销产品或品牌的目的。正因为网络视频营销具有互动性、主动传播性、传播速度快、成本低廉等优势，所以，网络视频营销，实质上是将电视广告与互联网营销两者集于一身。

一、网络视频营销的策略

（一）病毒营销

视频营销的厉害之处在于传播精准，首先会产生兴趣，关注视频，再由关注者变为传播分享者，而被传播对象势必是有着和他一样特征兴趣的人。这一系列的过程就是在目标消费者中精准筛选传播。

网民看到一些经典、有趣、轻松的视频，总是愿意主动去传播。通过受众主动自发地传播企业品牌信息，视频就会带着企业信息，像病毒一样在网上扩散。病毒营销的关键在于企业需要有好的、有价值的视频内容，然后找到一些易感人群或意见领袖帮助传播。

（二）事件营销

事件营销一直是线下活动的热点，国内很多品牌都依靠事件营销取得了成功。其实，策划有影响力的事件，编写一个有意思的故事，将这个事件拍摄成视频，也是一种非常好的方式，而且有事件内容的视频更容易被网民传播，将事件营销思路放到视频营销上，将会开辟出新的营销价值。

（三）整合传播

每一个用户的媒介和互联网接触行为习惯不同，这使得单一的视频传播很难有好的效果。因此，视频营销首先需要在公司的网站上开辟专区，吸引目标客户的关注；其次，也应该跟主流的门户、视频网站合作，提升视频的影响力；再次，对于互联网用户来说，线下活动和线下参与也是重要的一部分，所以通过互联网上的视频营销，整合线下的活动、线下的媒体等进行品牌传播，将会更加有效。

二、网络视频营销的应用

(一) 高

高，指的是高超技艺表演。高特技表演，应该让人高兴地观赏，并且乐意与他人分享和谈论。

(二) 炒

古永锵离开搜狐进军视频领域建立优酷网，靠张钰视频一举成名，还获得了 1 200 万美元的融资。其中的关键就是借用张钰对潜规则的炒作。

后来古永锵和他的优酷网又靠张德托夫的《流血的黄色录像》这个很有争议的短篇赚了大把的眼球和人气。仅仅预告片，就有几十万的浏览量，而且片中导演和演员的各种访谈不断出炉，越炒越火。

(三) 情

大家熟悉的是恶搞，但还有一种是善搞，以情系人，用情动人。传递一种真情，用祝福游戏的方式快速进行病毒性传播。例如，有这样的 flash，把一些图片捏合在一起，配上有个性的语言设计，用搞笑另类的祝福方式进行传播如"新年将至，众男星用尽心思与×××共度新年"等。只要填上名字，一个漂亮、个性化且具新意的网络祝福就轻松搞定。这种方式可穿插某种产品宣传，效果也不错。

(四) 笑

搞笑的视频广告带给人很多欢乐，这样的视频人们会更加愿意去传播。

耐克公司的很多广告也不乏这种搞笑经典之作，有款葡萄牙和巴西两支球队在入场前对决的广告，当初更是风靡一时。因为这两支世界劲旅都是 NIKE 旗下的重要赞助球队，它们进行一场友谊赛，在入场仪式开始之前，两队在通道内等候，菲戈从主裁判手中拿过皮球，将球从罗纳尔多两脚之间运过，挑衅地喊出了"Ole"，双方随即开始了一场比赛开始之前的争夺战，随着轻快优美的《Papa Loves Mambo》的歌声，两支球队的巨星开始展现自己出众的个人技术。罗纳尔多最后时刻登场，带球进入球场，连续晃过葡萄牙球员，在用最经典的"牛尾巴"过人后，他被主裁判飞铲放倒，比赛才恢复正常秩序。在奏国歌的仪式上，巴西和葡萄牙球员一个个脸上伤痕累累，让人印象深刻。这个广告当时十分流行，NIKE 再次完成了一次成功的广告宣传。

（五）"恶"

使用最普遍的有两个手法："恶俗""恶搞"。

（1）恶俗。因为俗，所以招人鄙视，但因为恶俗，所以让人关注。电视广告中常常会出现经典的俗广告，甚至被众多观众扣上恶俗的标签，以至于各种民间的恶俗广告评比讨论层出不穷。但对于一些产品来说，广告的恶俗会造成销量的增长。例如，脑白金广告，因中国有购买者和使用者分离这个特性，加上这个恶俗的广告，使脑白金销量一直不错。

（2）恶搞。最经典的例子要数胡戈的《一个馒头引发的血案》。《无极》上亿投资获得的效应，胡戈几乎没花钱就获得了相同的影响力，足以让世人见证恶搞的实力。同样，"大鹏嘚吧嘚"的恶搞歪唱，也是备受网友追捧。现今恶搞视频数不胜数，但视频恶搞，也要看恶搞主题与电影片段是否契合。

三、网络视频营销的技巧

（一）内容为本，最大化传播卖点

视频营销的关键在于内容，内容决定了其传播的广度。好的视频自己会长脚，能够不依赖传统媒介渠道，通过自身魅力俘获无数网友作为传播的中转站。

网民看到一些或经典或有趣或惊奇的视频总是愿意主动去传播，自发地帮助推广企业品牌信息，获传播的视频就会带着企业的信息在互联网以病毒扩散的方式蔓延。

因此，如何找到合适的品牌诉求，并且和视频结合，是企业需要重点思考的问题。

（二）发布后力争上频道首页

视频类网站，如优酷、土豆等，都分了多个频道，企业视频可以根据自己的内容选择频道发布，力争上频道首页，如果能上大首页则更好，可以让更多网民看到。在推广的时候也要注意标签、关键词的运用，这样利于搜索。

（三）增强视频互动性，提升参与度

网民的创造性是无穷的，与其等待网民被动接收视频信息，不如让网民主动参与到传播的过程中。在社会化媒体时代，网友不仅希望能够自创视频内容，同时也喜欢上传并与他人分享。有效整合其他社交媒体平台，提高视频营销的互动性，可以进一步增强营销的效果。如视频发布之后，留意网友的评论并开展互动等。

第二节　口碑营销

口碑（Word of Mouth）源于传播学，由于被市场营销广泛应用，所以有了口碑营销。口碑营销是指企业在品牌建立过程中，通过客户间的相互交流，将自己的产品信息或者品牌传播开来。

口碑营销又称病毒式营销，其核心内容就是能"感染"

目标受众的病毒体——事件。病毒体威力的强弱则直接影响营销传播的效果。

在今天这个信息爆炸、媒体泛滥的时代里，消费者对广告甚至新闻，都具有极强的免疫力，只有制造新颖的口碑传播内容，才能吸引大众的关注与议论。

张瑞敏砸冰箱事件在当时是一个引起大众热议的话题，海尔由此获得了广泛的传播与极高的赞誉，可之后又传出其他企业的类似行为，就几乎没人再关注，因为大家只对新奇、偶发、第一次发生的事情感兴趣，所以，口碑营销的内容要新颖奇特。

一、口碑营销的要素

（一）谈论者

谈论者是口碑营销的起点。开展口碑营销，首先需要考虑谁会主动谈论你。是产品的粉丝？用户？媒体？员工？供应商？经销商？这一环节涉及的是人的问题，即角色设置。口碑营销往往都是以产品使用者的角色来发起，以产品试用者为代表。其实，如果将产品放在一个稍微宏观的营销环境中，还有很多角色能成为口碑营销的起点。企业员工口碑和经销商口碑的建立同样不容忽视。

（二）话题

话题，就是给人们一个谈论的理由，可以是产品、价格、外观、活动、代言人等。其实，口碑营销就是一个炒作和寻找话题的过程，总要发现一点合乎情理又出人意料的噱头让人们尤其是潜在的用户来谈论。对于话题的发现，营销教科书中已经有很多提示，类似4P、4C、7S都可以拿来做分析和发现的工具。方法的东西大家能学到，关乎效果的却是编剧的能力，讲故事的水平。

（三）工具

工具，关系到如何帮助信息更快地传播，包括网站广告、病毒邮件、博客、BBS 等。网络营销给人感觉最具技术含量的环节也是在这一部分，不仅需要对不同渠道的传播特点有全面的把握，而且广告投放的经验对工具的选择和效果的评估起到很大的影响。此外，信息的监测也是一个重要的环节，从最早的网站访问来路分析，到如今兴起的舆情监测，口碑营销的价值越来越需要一些定量数据的支撑。

（四）参与

这里的参与是指"参与到人们关心的话题讨论中"，也就是鼓动企业主动参与到热点话题的讨论中。其实网络中从来不缺少话题，关键在于如何寻找到与产品价值和企业理念相契合的接触点，也就是接触点传播。

（五）跟踪

如何发现评论，寻找客户的声音？这是一个事后监测的环节，很多公司和软件都开始提供这方面的服务。相信借助于这些工具，很容易发现一些反馈和意见。但更为关键的是，得知反馈后，如何对这些意见及时作出反映。

二、口碑营销的注意事项

（一）注意细节

影响消费者口碑的，有时不是产品的主体，而是一些不太引人注目的"零部件"，如西服的纽扣、家电的按钮、维修服务的一句话等，这些"微不足道"的错误，却能够引起消费者的反感。更重要的是这些反感，品牌企业却不易听到，难以迅速彻底改进，往往是发现销量大幅减少，却不知道根源究竟在哪里。据专业市场研究公司调查得出的结论，只有4%的不满顾客会对厂商提出他们的抱怨，却有80%的不满顾客会对自己的朋友和亲属谈起某次不愉快的经历。

在纽约梅瑞公司的购物大厅，设有一个很大的咨询台。这个咨询台的主要职能是为来公司没购到商品的顾客服务的，如果哪位顾客到梅瑞公司没有买到自己想要买的商品，咨询台的服务员就会指引他去另一家有这种商品的商店去购买。梅瑞公司的做法，本微不足道，但这些细节一直被人们津津乐道，对它的记忆也极为深刻。不仅赢得竞争对手的信任和敬佩，而且使顾客对梅瑞公司产生了亲近感，每当需要购物时总是往梅瑞公司跑，慕名而来的顾客也不断增多，梅瑞公司因此生意兴隆。

（二）服务周到

（1）提供有价值的产品或服务，制造传播点。企业首先必须能提供一定的产品或服务，这样才能开展口碑营销，要根据所提供的产品或服务，提炼一个传播点。

（2）采用简单快速的传播方法。找到传播点，要巧妙地进行包装并传播，要简单、方便，利于传播。

（3）找到并赢得意见领袖，并重视和引导意见领袖。

（4）搭建用户沟通平台和渠道，如社会化媒体、评论类媒体、在线客服等。要建立广泛的、快捷的沟通渠道，方便客户表达意见。

三、口碑营销的四大误区

（一）只要传播就能获得好口碑

有人以为只要做了口碑营销就能为自己的产品创造出良好的口碑，这实在是太大的误区。口碑形成的最基础要求是必须确保优秀的产品质量，劣质和低劣的产品一定不会有好的消费者体验，当然良好口碑的形成也就无从谈起。

口碑营销能做的，是借助口碑营销这种方式和手段来帮助优秀的产品加速好口碑的传播和形成，而不是捏造口碑，更不是为劣质产品撒谎吹嘘。

产品如果本身质量不过硬，那么它的使用价值也就大打折扣。如此，无论打出来的广告有多么醒目，无论造势出来的宣传会营造多大的影响，都是经不起考验的。而网络平台提供给消费者的低抱怨门槛，更可能加大、加深产品的缺陷曝光，使得前期所做的宣传工作全部打水漂的同时，更可能是在花钱为自己制造负面效应。

因此，产品自身过硬的品质是形成好口碑的坚实基础。

（二）忽略负面口碑的存在

口碑是一把双刃剑，既可以为企业带来正面的建设力，也会由于负面口碑的自发传播带来极大的破坏力，更有数据统计，负面口碑的传播速度是正面口碑的 10 倍，因此，对负面口碑的处理绝不能放松。

目前国内许多企业在面对危机时经常手足无措、无所适从，或者是由于不知该如何把握其中的度而采取鸵鸟政策，干脆不闻不问。问题是坏影响不会自动消失，企业不去看不等于消费者也不会看。那么是主动站出来打破沉寂，还是守株待兔，等待别人的主动谈论？我们认为，选择后者的企业，必定会被时代所淘汰，不但等不到兔子，还会在大树下浪费美好的光阴。

置身危机旋涡中的企业，必须考虑如何将自身利益、公众利益和传媒的公信力协调一致，并在最短的时间内，以最恰当的渠道，传播给公众真实而客观的情况，以挽回企业品牌的良好口碑，将企业损失降至最低，甚至化被动为主动，就势借势，达到进一步宣传和塑造企业口碑的目的。

沸沸扬扬的"三聚氰胺"事件暴发后，是直面问题还是推卸责任？诚恳面对问题的态度和大力度的补救措施，都会让大众看到作为一家奶业巨头应有的气魄。这是应对负面口碑应有的态度。

（三）口碑营销做的就是一触即百发

太多厂家谈及口碑营销必要求"制造一个大事件"。殊不知，口碑营销其实是企业众多营销环节中的一环，把口碑营销从营销中剥离，仅靠口碑营销来建立企业品牌，是不科学的，也是没有效率的。很多时候，传统营销还是占据着品牌宣传的重要阵地，做好传统营销，用口碑营销去补充、补全传统营销达不到的地方，才是正确的营销技巧。

（四）口碑营销是受限最少的传播方式

很多企业选择口碑营销的初衷，是由于在传播过程中受到越来越多法律法规的限制和制约，而网络上的口碑营销似乎由于网络所提供的"想说就说"的低门槛而不受传播上的限制。

其实，口碑营销也有着自我的道德约束，超过这个范围的炒作必定带来不良影响。

互联网貌似隐匿，实际上人人在里面都被看个通透，企业有了好的产品，通过正当的方法来促进良性口碑的产生和传播，以达成快速地将口碑扩散的目的，这才是正道。妄图用不当做法在互联网上牟取利益最终都会露馅，伤害企业和品牌。

第三节　直播营销

一、直播营销的概念

所谓的直播营销，就是通过直播现场事件的发生过程，同时进行制作、播出的方式，并且以直播平台为载体，达到为企业品牌推广的效果。直播本身就带有强烈的社交性质，因此社交也会成为直播营销的重点。尼克·约翰逊在《新营销新模式》一书中还提到过："对首席营销官们的调查显示，目前营销预算的9.4%都被投入到社交活动中。"正因为直播是建立在社交的前提之上，直播营销才能被目前许多企业视为主流营销模式。观众通过在直播中留言、发送弹幕的方式，与品牌进行直接对话，实现了客户与品牌的社交；观众又可以通过观看其他人的留言和弹幕，实现观众与观众之间的社交。在不断的社交过程中，直播营销发挥了以下几大作用。

第一，直播营销体现了强大的自主性。在一般情况下，营销都需要商家去主动联系客户，但是直播则打破了营销在市场中的被动地位。在信息呈现爆炸式增长的当下，观众寻找娱乐性的内容已经成为一种本能，当他们在直播平台上看到自己感兴趣的内容，自然而然就会促使他们点进去观看。有了观众就等于有了流量，在互联网中拥有了流量就等于打开了销售市场，最终逆转了营销活动的被动地位。让观众主动参与到营销活动之中，观众通过参与企业的直播营销活动，不仅加深了对品牌的良好印象，而且能够起到品牌带动市场的效果。

第二，直播营销体现了强力的掩盖性。到目前为止，还没有出现任何强力的互联网社交方式能够代替直播在网络社交中的地位。观众通过直播平台观看丰富多彩的营销活动，甚至在很多情况下，观众并不会认为这些活动是一种营销行为，他们更多的是带着娱乐的眼光来观看直播。然而，在观众聚精会神地观看直播并参与到直播讨论中的时候，品牌印象已经在不知不觉中深入到一部分观众的内心深处，并将这些观众转化为品牌的潜在客户。因此，直播将企业营销性质的活动完美地用娱乐的方式掩盖，让观众在不经意间对品牌形成深刻的印象。

第三，直播营销实现了快速变现。企业可以通过直播营销的方式直接将聚拢来的流量变成利润。直播采用"一对多"的模式，也就是说让一位"销售员"面对上百甚至上万的客户，不仅节约了人力成本，而且让观众通过直播窗口边看边买，用最直接的方式实现流量变现。这种变现模式与一般意义上的依靠"打赏"的直播流量变现不同，直播营销带来变现的最大来源是产品。在变现的过程中，将产品大量销售出去并扩大品牌的影响力，才是直播营销为企业带来的真正收益。

所以，直播营销通过强力的社交模式为观众带来美好的感受，聚拢了互联网中的大批流量，成为目前最有传播效果的营销模式。正因为直播营销利用了最新的传播媒介——直播平台，通过平台直接汇聚了网络中喜好类似的客户，建立了一个具有"黏性"的受众群体，直播营销才能够开启一个新的营销的时代，甚至让许多大型企业都迷恋上这种营销模式。

二、直播营销的四大模式

各大企业之所以会看好直播，除看中直播的娱乐性质之外，还看中了直播活动中强大的潜在销售能力。无论是作为个体的网红、明星，还是有良好组织的团体、企业，都可以借助直播平台一夜爆红、打造全新的品牌 IP，并以直播为基础使用全新的广告模式吸引消费者。因此，直播这种传播的新媒介在营销方面才会受到大量企业的欢迎，而且正确的直播营销方式能够让企业、品牌、消费者紧密串联，形成固定的网络流量生态循环系统。

由于网络直播的门槛非常低，导致出现了许多种直播营销的方式，而将目前已有的成功直播营销进行归纳整合，就可以发现目前的直播营销实际上主要集中为以下四大模式。

（一）品牌+直播+明星

虽然现在已经有很多网红的人气超越了明星，但是当企业想要通过直播塑造品牌形象的时候，在大多数情况下还是会优先考虑拥有固定形象的明星。明星本身就拥有庞大的粉丝圈，虽然大多数明星在直播的过程中为了维护自身形象，不能像很多网红那样随心所欲，但是正因为明星维护的自身形象与品牌的形象相符合，才能让被直播吸引过来的粉丝转化为品牌的消费者。这就是"品牌+直播+明星"这种直播营销模式成为大多数企业重点选择的原因。"品牌+直播+明星"在企业直播营销的所有方式中，属于相对成熟、方便执行、容易成功的一种方式，目前已经有了很多成功的案例。

在以"草根"直播为主的年代，这些大牌明星产生的效应往往能迅速抓住观众的注意力，进而产生大量的流量。虽然这种方式见效极快，但是缺陷也不可避免。大部分明星在匆匆直播完毕之后，不会像大多数网红那样留下影响较为深远的话题，并且明星直播已经被大量企业利用，观众对明星的好奇心在被大量消磨之后，"品牌+直播+明星"产生的效益也会大量减少。因此，企业在利用"品牌+直播+明星"进行营销活动的时候，要学会把握时机、适当利用。不能因为收获了利润就大量、反复利用这种直播营销方式，否则会很快失效。

（二）品牌+直播+企业日常

在直播的时代，个人吃饭、购物等日常活动都可以作为宣传个人 IP（形象）的直播内容，那么企业的日常同样也可以作为直播内容进行品牌宣传。实际上，大多数消费者都对产品幕后的"企业日常"非常感兴趣。所谓的"企业日常"包括企业制定新品的过程、研发产品的过程、企业生产产品的过程等，甚至企业主管开会的状态、员工的工餐都属于"企业日常"。这些对于企业来说稀松平常，甚至还有点琐碎的小事，对于消费者来说却是掩盖在产品光环下的"机密"。因此，将"企业日常"挖掘出来，搬上直播平台也是一种可以吸引观众注意力的直播营销方式。

（三）品牌+直播+发布会

发布会是企业在一般情况下推广新产品使用的必要手段，但是大多数企业都会选择线下发布会，而一些有前瞻性的企业已经开始尝试利用直播将新品发布会搬到线上。这些企业通过"品牌+直播+发布会"的方式进行产品的营销活动，在宣传了新品的同时也达到了与观众互动的目的。通过直播，观众可以直接看到产品的性能以及使用效果，并且直播强大的真实性，让观众在看到产品确实能满足他们需求的同时，也为企业在消费者群体中带来极大的信誉。但是企业的线上发布会虽然有节省成本、带来流量等好处，但是无法百分之百做到毫无瑕疵。

国内"品牌+直播+发布会"的代表就是小米，雷军不仅把小米手机的发布会搬到直播平台上，还大胆地在直播平台上举办了"小米无人机"的线上发布会。但是，这场发布会却不尽如人意，"小米无人机"在发布会试飞的过程中突然坠机引起了直播现场一片混乱，观众甚至能听到直播现场有人在喊"切断直播"的声音。

虽然小米做了很多后续工作，让无人机终于平安上市，但是小米无人机在发布会的直播过程中坠机确实让许多"米粉"对小米产生了怀疑。因此，企业在利用"品牌+直播+发布会"的营销模式时，一定要提前做好万全的准备，在保证发布会能顺利进行的同时，还要对发布会中可能出现的意外情况进行预防。

（四）品牌+直播+深互动

虽然"百播大战"已经度过了高潮时期，但是企业对于直播营销的探索还在初级阶段。由于直播平台是作为社交工具而诞生的，所以企业在进行直播营销的时候，就会尽可能地发挥直播作为社交工具的优势。因此，目前企业主要的直播营销模式就是"品牌+直播+深互动"。然而，"品牌+直播+深互动"实际上是最难以创新的一种直播营销模式。因为直播本身就具有高效的互动性，所以企业想要让品牌通过直播平台与消费者进一步"深互动"则需要极大的创新思维。但是，一旦企业对"品牌+直播+深互动"有了正确的创新思路，就会获得相当可观的成果。

三、直播对品牌营销的价值

伴随着移动互联网诞生的直播，为企业在营销上从以下 3 个方面来对品牌价值进行维护和创造。

第一，直播可以为企业培养、挖掘一批品牌的忠实用户。随着经济的发展，群众生活水平的提高，购买不再是满足生理需求而产生的行为。现在消费者有一半以上的消费，都是为了满足心理需求而产生的行为。因此，当今社会中的消费者在购物时时常带有强烈的情感，而品牌就是抓住消费者情感的最佳道具，使消费者的情感对品牌变得更加"忠诚"，是直播为品牌营销创造的重要价值之一。

第二，直播可以在线上提高消费者对品牌相关产品的体验。大多数企业在线上推销中，最常采用的方式是通过一整页的"文字+图片"的方式进行产品描述。虽然也有部分企业会穿插短视频，但是这种方式其实和微博、微信等社交门户的广告极为类似，甚至更加繁复，让大多数消费者难以完整、仔细地看完。但是，产品所有的使用方法、使用过程、使用细节以及注意事项都可以通过直播直观地展现在消费者的眼前，并且消费者还可以通过直播平台对产品进行提问。当直播中的产品在消费者的心中留下良好的印象时，品牌的形象自然也会获得一定的加分。

第三，直播可以提高品牌曝光率。品牌曝光率是品牌营销中最重要的部分，企业在建立品牌形象的过程中几乎都是围绕着"品牌曝光"进行的。只有让品牌尽可能多地被消费者了解、熟知，才能真正达到品牌营销的目的。直播平台聚集了互联网中的流量，流量是人群、是消费者，把品牌丢入到直播平台这种"流量池"中，自然就会掀起传播的"涟漪"。但是，在品牌参与直播的过程中，企业必须要不断地做直播内容上的创新，向消费者展示最新颖、最有趣的品牌文化内涵，才能在"流量池"中不断地吸收流量。否则，即使直播为品牌带来了价值，这种价值也是短暂的，因为消费者在无法获得新颖、有趣的内容的时候，就会在心理上产生厌倦，最终会造成品牌价值的流失。

四、避开直播营销的三大"坑"

直播营销的本质实际上就是"流量变现"，而具体的流量变现方式则取决于企业直播营销的效果。由于现在直播的门槛非常低，各种各样的事物纷纷在直播中亮相，因此并不是所有的直播营销都可以带来相应的回报，许多企业一不小心就会落入直播营销的"坑"中。

第一"坑"：直播的平台、主播和内容选择不当

直播平台的性质与主播属性、消费者市场完全挂钩。斗鱼、虎牙等游戏类直播平台的主打一定是游戏，不大可能有主播向你讲述财经方面的专业内容。同样的，疯牛直播平台（图3-1）上的主播大多数都是财经大咖，这些财经界的"牛人"不大可能为观众直播玩游戏。

由于直播平台本身就具备一定的"品牌效应"，在经过垂直细分之后，各个主播的直播内容也有明显分化。而企业在选择直播平台的时候，一定要符合企业相关的品牌形象，不仅直

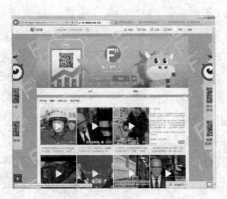

图 3-1 直播官方微博首页

播平台要符合，主播也要和品牌相对应。主播和直播内容与企业品牌形象不对应，即使选择了正确的直播平台，也只会引起观众的反感。

第二"坑"：直播目的主次不明确

目前企业利用直播主要有两个目的。第一，利用直播达到"传播"的目的，宣传企业、宣传品牌、宣传产品，使企业的品牌和相关产品被更多人熟知；第二，利用直播达到"销售"的目的，也就是说把企业的产品卖出去。企业在利用直播营销的时候，很容易将这两个目的的主次顺序颠倒，最终导致直播营销失败。

很多企业都希望利用直播同时达到"传播"和"销售"的目的，但是这两个目的必须要分清主要和次要。如果要以"传播"为主，就要尽可能地"造势"，制造一个内容丰富的直播活动。如美宝莲邀请 50 名网红进行秀场后台直播，就是一次典型的以宣传为主的直播，在宣传的过程中顺便加上卖产品的环节，但是最主要的还是要观众记住"美宝莲纽约"是一个很"纽约"、很"时尚"的化妆品牌。如果以"销售"

为主，就可以省去繁复的"造势"步骤，直接进行销售活动。以销售为主的典型代表就是各大电商的直播平台，每天都有许多当红主播在平台上推出相应的产品，主播的粉丝群就会根据自己的需求来购买。这些主播不需要为观众展现复杂的内容，只要简单地展示产品的使用方法、产品的使用效果等。观众甚至不会在意主播用的产品是不是品牌，即使不是品牌也可以达到"销售"的目的。

以不同的目的为核心展开的直播营销活动最终效果也会不同，然而想要同时将两个目的实现且效果都达到最大化是绝对不可能的。因此，企业在进行直播营销活动的时候，一定要明确直播的目的。

第三"坑"：产品与直播受众不对口

企业的产品与直播受众不对口是目前直播营销中最大的"坑"。并不是所有的品牌在目前的状况下都可以利用直播营销。直播的受众主要为年轻群体，并且这部分年轻群体的消费水平有限，在利用直播进行营销的时候，企业必须考虑品牌是否会符合年轻人的"胃口"。

Angelababy 在美宝莲秀场的后台直播涂唇膏，结果使美宝莲的同款唇膏大批量销售。仔细想想，为什么美宝莲选择让Angelababy 进行涂唇膏的直播，而不是其他化妆品？原因在于，Angelababy 直播使用的美宝莲唇膏单价不过百元，百元以内价位的商品大多数消费者都可以轻松购买。由于美宝莲纽约和巴黎欧莱雅都属于欧莱雅集团，因此巴黎欧莱雅直播营销模式的成功之处几乎和美宝莲相同。在戛纳电影节上，李宇春同款的轻唇膏也是不过百元的产品，在大多数直播受众都能够接受的范围之内，因此这款轻唇膏才会在短暂的直播之后快速脱销。

正因为欧莱雅集团正确地定位了直播受众，并且针对这些受众推出了他们可以轻松接受的产品，所以相应的产品才能销售出去。如果一些高端产品想要通过直播营销来获取市场、销售产品，则要艰难得多。至少宝马 MINI 在直播拍片现场的时候，并没有急着将新车卖出去，而是选择了以"传播"为主要目的的直播营销方式。

虽然直播营销的时代已经到来，但是直播还在发展中，还没有全面到可以让每个企业都能够顺利获得销售量。因此，每个企业都要根据自身的定位和实际情况合理利用直播营销，避免直播营销中的三大"坑"。

第四节　短视频营销

一、做好短视频营销的两大基本原则

短视频成为移动互联网时代信息的主要传播载体之一，从营销的角度出发，以短视频作为广告营销的载体，无疑将会成为新兴的营销方式。广告主打算通过这一方式进行营销，不仅内容上要生产优质的原创内容，并且找到最合适的分发渠道来分发内容；从消费与评估上，需要深入挖掘用户，触达用户，并且抓取用户主动行为的数据来进行深度触达。

内容原生化+数据驱动运营

营销载体出现转变，通常表示出现了更多元化的发展方向。也就是说，可供匹配的营销形式也会随之发生转变。短视频作为最新的营销载体，能够匹配的营销形式在不断推陈出新。

1. 内容原生化代表了内容的变革

通常情况下，好的营销效果的实现形式是在无形之中创造并且巩固用户对于产品的印象，并且引发认同转化为购买力。但是传统的营销方式以贴片形式为主，用户能够从中感知明显的营销性质，很难达到潜移默化的转变效果，而短视频的出现为这一目标提供了更大的可能性。以广告营销为例，为了确保用户能够接受并产生兴趣，广告营销需要做到内容原生化。

内容原生化代表了内容的变革，从这一层面进行分析，广告营销有必要并且有能力转换为短视频的内容形式并且呈现出来。众所周知，短视频具备轻量化、碎片化、制作成本低的特点，方便广告主直接进行操作，并且更容易吸引受众的注意力，营销效果更好。

与短视频相比，传统的广告营销中硬广、植入式软广都具有"扰民"的特性，影响用户体验。举个例子，如今综艺类节目在各大平台都备受青睐，但是无论是节目主持人还是嘉宾身边都围绕着植入广告的产品、标识。用户收看节目自然是为了看人，因此产品、标识也会出现在视觉范围内，形成视觉污染，久而久之便会导致用户的逆反情绪。这种方式不仅削弱用户体验，广告营销的效果也会随之被削弱。

2. 数据驱动运营使最终的意图得以实现

广告主能够找到正确的受众，针对受众表达正确的意思，这便是最好的营销效果。想要实现这一目标，要求在最贴合的情境下给用户推送他们最想观看的内容，因此短视频平台需要进行有效分发。在分发决定生产的倒逼模式中，有效分发是这一模式的运营关键。

有效分发需要足够多的数据进行支撑，同时还需要足够强大的数据分析体系，才能找到真正直面用户的有效渠道，实现对用户"所见即所需"的推送。目前，能够实现这一要求的只有还在发展的算法机制，算法的领先能够挖掘用户的真实需求，让短视频平台所推送的内容朝着用户需求出发。另外，数据分析是基于用户行为而进行的，随着数据在营销中所占地位的逐渐加重，未来，数据或许可以让占互联网80%的长尾流量得到更加合理的解决路径。因此，互联网内容资讯平台都越来越看重算法的应用。

精准与黏性是营销领域中的两大目标，而能够同时满足这两个目标的仅有用户需求，因此用户需求也是短视频营销领域中最根本的需求。短视频营销的目标受众、用户需求都是需要通过数据来挖掘的，再通过算法分析而成。基于这一情况，数据的驱动力已经远比其他方面要重要，成为短视频平台营销中必不可缺的关键手段。

除了今日头条，微博、Facebook、YouTube（油管）等互联网平台已经开始致力于推动短视频营销的发展，并且将短视频领域视为未来营销的新增长点。美国市场调研机构的相关数据显示，在短视频领域进行广告营销，在份额增长速度上将会比其他媒体领域要快很多。也正因如此，Facebook一直在调整其网站设计，以便在未来短视频营销中能够更好地让广告主买单。

随着短视频的成长，我国的短视频原生内容是广告营销的新模式，因而也处于流量红利期中，不断有新的用户涌入短视频领域。红利期也就意味着转瞬即逝，大家都应该及时抓住这一时期，顺应趋势做好短视频营销。

二、主动接触用户并让用户更主动

技术不仅驱动了分发体系的转变，同时还驱动营销效果评估体系的转变。在短视频营销领域中，用户主动的行为数据已经成为衡量营销投放价值的重要指标。如今，单向的信息传播效果大不如前，甚至出现了"无互动、不传播"的现象。因此，曝光度、转化率已经不是当今时代营销的主要因素，针对用户主动行为的营销十分必要。

（一）传播：不患寡而患不均

在传统的社交媒介营销中，通常是广告主邀请明星、网红等知名人士利用自己的资源来进行营销。通常情况下，人气越高、粉丝量越多的用户能够获得越多的转发量，进而决定了产品的曝光率。因此，一些人气较高的明星即便发布的产品内容仅有寥寥几个字或一张图片，都有可能会得到大量转发，甚至成为平台热点内容。

短视频平台更重视内容的发布，采用合理的智能个性化推荐算法，以期能够让每一位用户接收到自己所感兴趣的内容。个性化推荐可以打破时间序列以及空间限制，让广告主的内容能够有效触达有需求的用户，目前也是各大社交平台逐渐采取的措施之一。短视频平台通过合理的推荐算法，广告主的广告作品能够获得相对平等的曝光机会，这也是短视频平台能够吸引大批用户入驻的主要原因之一。

具体来说，短视频平台根据内容、话题、粉丝数、过往发布内容历史等数据来精准推荐给用户。首批用户进行播放、点赞、评论、分享等行为后所形成的数据，将会被短视频平台持续分析出推荐效果，才会再次进行推荐。

（二）优化：更短路径更高效率

在内容分发上，短视频平台遵循了"去中心化"原则，去中心化传播是让内容实现快速传播的有效方式。以原生视频为起点，通过爆点内容来吸引用户围观，进而引导用户参与其中。用户在与广告主互动过程中能够对产品文化与理念有更深层次的认识，进而拉近用户与产品之间的距离。

（三）应用：巧妙设置标签和标题，可以增加点击量和曝光量

在互联网平台中，各种兴趣相投的年轻男女聚集在一起，为相应的群体贴上不同的标签，如"佛系青年""油腻中年男""中年少女"等。这些热门标签背后反映出了用户本能地寻求与自己相同的群体进行抱团，寻求心理归属的现象。

而标题是标签的直接体现方式之一，广告界权威奥格威曾经表示："读标题的人是读正文的人的 5 倍。因此，好的标题是广告创意成功的一半。"慧眼独具的广告主可以将标题加入内容中。

也就是说，短视频平台的营销需要符合"标签化"趋势，同样也要遵循广告创意中的"标题法则"。建立在优秀的内容情节的基础上，通过好的标签提高辨识度，能够吸引用户的概率将会大幅度增加。

第五节　微信营销

一、要做微信营销

微信营销是网络经济时代企业或个人营销模式的一种，是伴随着微信的火热而兴起的一种网络营销方式。截至 2020 年年底，微信的用户数量已经突破 9.63 亿，如此庞大的用户群体，使得微信成为商家进行营销活动的有利工具，其优势主要体现在以下几个方面。

（一）互动性强，黏度高

我们在微信朋友圈发一条消息，立刻会有人点赞、评论，其强大的互动性是其他营销手段无法相比的，而且微信是建立在信任的基础上，朋友圈里的人要么是朋友，要么是用户，黏

度非常高，这些优势对于营销活动非常有利。

（二）操作简单，实用性强

微信的操作简单，易上手，尤其是它的语音功能，解决了人们打字的烦恼，使那些不会打字的人也能轻松玩好微信，这是其他软件无法比拟的。

（三）用户数量庞大

目前，微信的用户数量已高达 9.63 亿，而且这个数字还在增长中，庞大的用户数量为营销奠定了基础，因此微信营销成了商家必选的营销手段之一。

（四）便于维护客户

之前，我们常常通过拜访、打电话、送礼品等方式来维护客户，费时、费力，现在有了微信就方便多了，我们可以利用微信与客户沟通，可以在客户生日的时候给他发个祝福，在公司推出优惠活动时第一时间通知他，微信拉近了我们与客户之间的关系，增进了与客户的感情。

（五）到达率、曝光率高

微信可以根据用户的性别、年龄、区域等进行有针对性的广告投放，能够确保每一条信息都传达到用户手中，到达率、曝光率都非常高。

（六）适合做 CRM

微信公众号主要分为两种：订阅号和服务号。用服务号来做 CRM（即客户关系管理）最合适，因为它能够轻松获取用户资料，方便客户管理，容易与客户拉近关系。这些特点都为后期的营销推广做好了准备。

（七）提高企业形象

在互联网时代，我们给用户展示信息的途径主要有两种：

在电脑端以网站为主，在手机端则是微网站，随着移动互联网的发展，微网站的地位显得愈发重要，也是提高企业形象的一种重要手段。

（八）营销方式多样化

微信的营销方式多种多样，如利用朋友圈来营销，可以通过签名、封面、每天发布朋友圈、群发信息等方式来实现营销，如果是微信公众号的话，则可以通过视频、语音、群发、推送、互动、产品服务等方式来实现营销目的。

如今个人微信营销日益火爆，这与它自身的优势是密不可分的，微信营销的优势主要表现在 5 个方面。

第一，个人微信很好地解决了信任度问题，朋友与朋友之间的营销，信任度更高。

第二，用户到达率100%，我们发布朋友圈时，好友都可以看到。

第三，可以主动加粉，通过附近的人、摇一摇、手机/QQ通讯录导入来实现，当然，也可以被动加粉，但要将头像、昵称布局好，从而吸引粉丝主动加我们。

第四，更加的亲民化，互动性强，我们发一条朋友圈，就会有人点赞或者评论，这个时候就可以进行一个互动，这是其他营销方式无法做到的。

第五，成本低，注册一个微信就可以开始推广，不像其他的推广方式如软文、贴吧、论坛等，需要投入很大的费用。

总之，微信不仅是一种生活方式，更是一种营销方式。

二、个人号 VS 公众号

微信号主要分为个人微信号和微信公众号平台两种，个人微信号又分为朋友圈、个人订阅号两种；微信公众号平台则分为服务号、订阅号和企业号。

（一）功能篇

个人号与公众号在功能方面有着很大的差异，具体如下。

1. 个人号功能

（1）朋友可以通过文字、图片、视频发布信息，分享到朋友圈。

（2）名片推荐。通过微信名片推荐给朋友，朋友可以一键添加。

（3）QQ 邮箱提醒。可开启同步邮箱功能，一般默认开启，前提是绑定 QQ。

（4）附近的人。根据你的定位，找到附近也在使用此功能的人。

（5）摇一摇。交友、聊天首选，可以摇到同时在摇的人。

（6）视频收藏/转发。视频也是传递信息的一种重要方式，可以转发给好友或朋友圈。

（7）个人号好友上线最高可达到 5 000 人。

2. 公众号功能

公众号主要分为服务号、订阅号、企业号三种，其功能也是有差别的。

（1）服务号。服务号主要面向企业、政府或组织，拥有高级接口，能够满足各类用户的需求，可以与第三方平台对接，也能加一些功能插件，如微信商城、投票、支付等功能，不过，服务号一个月只能推送四组消息，推送的内容可以很好地展现在微信聊天窗口。服务号若用得好，可以为企业源源不断地输入新的客源，并且有助于增进与用户的感情，打造企业品牌。

（2）订阅号。订阅号可以每天群发一组消息，但这个消息需要点击才能看得到，这就要求内容质量一定要高。订阅号在微信接口上有很多限制，很多功能都无法实现，如微信支付、微信卡券、微信商城等。

（3）企业号。企业号适用于公司内部管理，如考勤、会议、通知、审批等，发消息不受限制，但只有在一定范围内的用户才能关注，可让管理者轻松实现 OA 管理，提高管理效率。

（二）用途篇

个人号可以说是从手机版发展而来的，它取代了传统的电话、短信，拉近了人与人之间的距离，可以导入 QQ 好友和手机通讯录，是维护感情的好工具。

公众号主要以微信公众号作为营销平台，是企业进行宣传推广的重要工具，方便维护新老客户。

（三）差异篇

个人微信号与微信公众号的差异主要表现在圈子定位、使用方法、用户群体 3 个方面，具体如下。

1. 圈子定位不同

个人微信号的圈子主要以熟人、朋友、客户为主，而微信公众号主要是针对某一个领域比较感兴趣的粉丝，以粉丝为一个载体。

2. 使用方法不同

个人微信号可以直接在手机上操作，微信公众号则需要在电脑上操作，用来群发、营销、推广。此外，个人微信号主要通过手机通讯录、扫一扫来添加好友，公众号则是由粉丝去关注，关注之后，才能实现智能回复、图片编辑、用户管理、用户群发。

两者相比之下，个人微信号更亲民，可以实现实时互动，微信公众号虽对粉丝上线没有限制，但互动性不如个人微信号。

3. 用户群体不同

个人微信号大多是"认识"的人，微信公众号上的人范围就比较广了，关注你的人，你不一定认识。

以上就是个人微信号与微信公众号的不同，至于哪一种更适合营销，则要结合自己的情况来看，因为它们各有优势，必要时可以取长补短，将两者结合起来进行营销。

除此之外，还需要了解个人微信号、企业微信号、微信订阅号、微信服务号等相关信息。

个人微信号：通过聊天、沟通、分享朋友圈的方式，拉近与朋友的关系。

企业微信号：方便公司管理，如考勤、报表，从而实现移动化办公。

微信订阅号：每天都可以推送消息，只要文章具有吸引力、可读性高，就能有效地增加粉丝黏度。

微信服务号：运行领域多，几乎适合各行各业，可以有效地对接第三方平台，如投票、小游戏、互动等，更好地用来推广、营销，是维护新老客户的必备神器。

不论是个人微信号还是公众号，都需要找准定位，然后根据自己的情况选择适合的营销方式。

三、个人微信号营销，让每一个好友，都成为你的客户

目前，微信的使用人数已经突破 9.63 亿，如此庞大的用户群体，决定了微信营销的价值。个人微信号营销是基于朋友之间的营销，这样一来就很容易地解决了信任问题，这是很多营销手段无法比拟的，也是个人微信号营销的最大优势，当然，要做好个人微信号营销也是需要掌握一定方法与技巧的。

（一）微信营销的细节，掌握这些必不可少

细节决定成败。要做好微信营销，不仅要讲究方法、技巧，还要做好细节工作，有以下几个方面。

1. 微信账号需注意的细节

首先就是账号头像（图3-2），在选择头像时，要站在营销的角度来考虑，选择一些让用户体验感较好的图片，当然，头像的真实性也是很重要的一个方面，这是让用户产生信任感的开始。

其次是账号昵称，不建议使用"业务+昵称"的方式，而且不要把手机号放在上面，因为现在的人对于业务员都有一定的抵触心理。一个好的昵称，首先要好记，其次是给人以舒心、愉快之感。

在这里，教大家一个小技巧，由于微信是按照字母进行排序的，为了让排名更靠前，可以在昵称前加"A"，如图3-3所示。

再有就是微信号，必须要好记，有些人的微信号既有下划线，又有数字，还特别长，别人怎么记得住呢？微信号可以用手机号、QQ号代替，如果前期没有想好可以不设置，可以通

图3-2 账号头像

图3-3 在昵称前加"A"

过 QQ 或是手机号查找，等想好之后再设置也不迟。

"其他资料"是很多人都容易忽视的一个问题，建议大家还是应该填写完善，尤其是个性签名，这里非常适合做广告，最后，出于安全考虑，应对声音锁、账号保护进行设置，以防患于未然。需要注意的是，微信号若出现登录异常或是被人举报，就有被封的风险，那怎样才能把这种风险降到最低呢？设置好微信安全之后，绑定手机号，对个人微信账户进行实名认证，提高活跃度。

2. 发朋友圈的技巧

不少做微商的朋友，每天都会在朋友圈发大量的信息，少则几条，多则几十条，这样做的结果很可能是被别人屏蔽。朋友圈可以发，但要以更容易让人接受的方式发，每周的广告以3~8条为宜。那么，朋友圈都可以发哪些内容呢？

（1）生活照。可以更新一些自己的生活照，如与他人吃饭、聚会或者旅行的照片，这能在一定程度上提高朋友圈质量。

（2）效果对比。发朋友圈要考虑用户的需求，假如卖化妆品，可以发一些使用化妆品前后的照片，以增加可信度。

（3）视频见证。大多数人喜欢发文字、图片，其实视频的效果会更好，让人感觉更加真实，更能吸引用户点击。

（4）巧用定位，让"生活"高大上。微信有定位的功能，发朋友圈时，可以加上定位，如可以发一些喝咖啡、吃牛排的地址，这会让人感觉生活有情调。

（5）多给别人点赞、互动。做个人微信营销要走亲民路线，例如，多给别人点赞，适当进行评论，以满足他人的虚荣心，还能让人记住你，时间长了，大家就熟悉了，可以方便以后的营销活动。

（二）微信加粉技巧，让粉丝飞起来

粉丝是进行微信营销的基础，粉丝数量大，营销效果就好，那么，怎么获得粉丝呢？

1. 利用微信功能加粉

利用微信功能加粉的方法主要有4种。

（1）摇一摇。自己动手去摇，加粉的速度很慢，不如使用一些软件，效果会更好。

（2）附近的人/定位。可以使用定位软件，定位一些人流量多的地方，如商场、电影院，也可以通过一些站街软件，来实现加粉。

（3）主动打招呼。开启定位后，就有可能有人和你打招呼，这也是加粉的一个途径。

（4）手机号/QQ号导入。可以通过手机号或QQ大量导入好友，一键添加，方便、快捷，但前提是需要有很多手机号和QQ，可以去网上收录，一些分类信息网站上都有一些联系方式，经过软件筛选之后就可添加。

2. 通过加群来涨粉

可以通过贴吧、Q群等渠道找到定向客户圈子，然后去加这类圈子的微信群，加粉之后，发个红包，然后主动去加他们为好友，也可以在朋友圈中相互推广，这样彼此之间都可以加粉。

3. 找人推荐

你可以找到行业中的名人，请他为你推荐，这样一来可以涨粉，二来可以借助名人知名度来推销自己。

4. 手机App：小视频推广

现在快手、美拍类的小视频平台比较火，可以借力这些平台进行广告投放，不仅见效快，粉丝增长也较多，不过这类的粉丝属于大众粉，后期能不能转化，还要看推广能力。

5. 利用可控性强的平台加粉

我们可以在贴吧、豆瓣、社区、视频等平台发布一些软文，吸引人来添加微信。因为微信好友的上限是5 000人，所以这种方法不太适合个人微信，比较适合微信公众号。个人微信可以找一些论坛广告位、竞价等，加满之后再换微信号即可。

若个人微信号能好好运用，则有可能获得比微信公众平台更好的收益，毕竟它的到达率、用户体验是微信公众号不可拟的。个人微信营销的方法当然不止这些，最主要的就是要认真地去研究，去发现，不要仅仅站在营销的角度，而要学会站在用户的角度，如果你的用户体验做好了，那么好友都会成为你的客户。

四、微信公众号的营销优势

（一）用户众多，互动性强

微信公众号的粉丝数量没有限制，这一点对于营销推广非常有利，当用户关注后，我们可以通过一些优惠活动来吸引用户，与用户互动交流，另外，我们还可以好好利用微信公众平台的打赏和评论功能。

（二）传播速度快，传播链条长

好的内容，粉丝都会帮你分享，每分享一次，就相当于在他的朋友圈里帮你推广一次，他的朋友再帮你分享，如此循环下去，营销效果可想而知。

（三）方便客户管理，提高复购率

微信公众号可以帮助我们更好地管理客户，我们可以时不时地推出一些最新产品、优惠活动，这些都有助于提高复购率。

（四）提高办公效率

微信公众号主要分为企业号、服务号、订阅号。企业号的推行，让我们实现了移动化办公，借助企业号，可以进行人员管理、发布通知、建立企业通信录等，让信息随时随地传递。

五、微信公众号营销需要注意的细节

微信公众号营销的细节包括有很多内容，如名称的设置、头像的设置、功能介绍、自定义回复等，每一个小的细节都可能对我们的营销效果起到关键的作用。

（一）微信公众号选择定位

微信公众号主要有三种类型：企业类、服务类、推广类，具有展现、推广、销售、吸粉、服务、咨询等功能，我们可以根据客户的情况来判断适合哪类微信公众号，不论选择哪类微信公众号，我们都要站在客户的角度去思考，始终要明确我们推送的用户是谁。

（二）微信公众号的取名技巧

微信公众号的名称相当于推广的"标题"，名称起得好，不仅好记，还能免费获得关注。

下面给大家介绍几种微信公众号取名的方法。

1. 关键词取名法

即微信公众号名称就是关键词，如网络推广业务方面的，微信公众号名称就是"网络推广"，这种名称可以自动加粉，当有客户需要网络推广时，他们就会通过搜索找到你。

2. 品牌取名法

如我们的品牌名称是"淘宝网"，微信公众号名称就可以叫"淘宝网"。

3. 创意取名法

微信公众号名称起得有创意，才能给人留下深刻印象，如音乐类的公众号，可以取名为"音乐梦工厂"，既包含了要推广的词，又非常有创意。

（三）头像设置需吸引人眼球

微信公众号的头像设置与个人微信号的头像设置要求不同，不需要真实的照片，以能吸引用户眼球为佳。此外，还可以用品牌的 LOGO 来做头像。

（四）功能介绍

功能介绍要写得有创意，个性化，广告意味不能太浓。我们经常看到有些功能介绍会写：××专注于品牌推广、全网营销、整合营销。致力于打造行业领军品牌，这样的写法很难给用户留下深刻印象的。

（五）加"V"认证

微信公众号后台有编辑模式和开发模式，经过认证后，可以进行二次开发，有一些高级模式时使用。此外，还可以使微信公众号的排名靠前，发现有不少品牌都被"假品牌"给截流了，因为它们的头像、昵称、加"V"都没有布局好，设置不专业。由此可见，细节处理的好坏将直接影响营销效果。

（六）自定义回复

添加自动回复内容，有利于引导客户，提高工作效率。自动回复模式主要有三种：被关注自动回复、关键词自动回复、消息自动回复。

1. 被关注自动回复

当用户关注某公众号后，公众号就会向用户推送一些消息。不少用户在收到消息后，会立马取消关注，因为公众号推送的消息令他们不舒服，推送的内容字数太多，格式排版都非常乱，用户体验非常差，所以，我们推送的消息一定要简明扼要、突出主题。如果想展现给用户较多的信息，让他更好地了解，可以设置一些关键词自动回复，进行适当的引导。

2. 关键词自动回复

当用户想要了解一些信息时，就会输入关键词，此时我们就需要为用户推送相关信息，这既节省了我们的时间，又增加了用户黏度。

只要我们站在用户的角度去设置一些关键词，就能实现与用户的自动应答，若数据较多，可设置菜单栏进行分类，需要注意的是，展现的内容不宜过多，可适当地分栏，以免影响用户的体验。

3. 消息自动回复

消息自动回复一般较少用，只有在引导客户添加新的公众号或新的联系方式时，才会使用。

六、微信公众号营销技巧

（一）公众号吸粉方法

其实，无论是公众号吸粉还是微博吸粉，方法都大同小异，如都可以通过名人推荐、互推、借助其他平台、小号带大号等方式进行吸粉，这些方法之前都已经介绍过，在这里就不再赘述。

1. 利用活动进行推广

活动推广分为线上推广和线下推广两种。线上推广，我们可根据客户类型送一些对应的奖励，如 10086 会通过微信公众号送话费、流量；线下推广最常见的方式就是扫二维码送礼品。

2. 公众号互推

多去结交一些其他公众号的运营者，相互帮忙，相互推广。可以在文章下面给予相关的推荐，也可以在一些比较大的微信公众号上投广告，进行付费推广。不过，这种推广方式的效果难以预估，因为现在假粉、泛流量粉太多，难以辨别。最好能够看一下其阅读数，但这同样不保险，因为阅读数也可以刷出来，我们只能做为参考。

3. 借助自媒体平台、百度知道进行推广

若你是做美食的，可以分享美食技巧，然后在搜狐自媒体、腾讯自媒体、一点资讯等比较知名的平台上进行营销，可以在文章底部加上你的公众号，需要注意的是，标题须是长尾关键词，有一定的指数，才能让用户搜得到。

利用百度知道来推广也是不错的方法，你可以用百度知道号或百度行家号进行评论，若带不了微信号，可以在昵称或知道账号上面带上微信号。

4. 转发/分享送红包

策划一些营销文章，让你的用户帮忙转发、分享，为了促进用户的积极性，应设置一定的奖励，如转发或者分享多少条之后，就可以获得怎样的奖励。

5. 发新闻，做网页排名

微商在这方面做得比较好，我们可以仿效他们的做法，在软文平台上发表一些与我们产品相关的新闻，然后获取一些排名，这种流量虽然来得没有那么快，但是比较长久、稳定。

6. 社交软件推广

如快手、美柚、陌陌等平台，在这些平台上找一些粉丝量较高的人，请他们帮忙进行推广。

7. 线下推广

我们经常会看到一些门店上面贴有二维码，扫二维码就可以免费获得礼品，这种方法也可以尝试，不过效果不如线上来得直接。

8. 利用分类信息进行推广

我们可以利用多账号在百姓、58 同城、赶集网发一些和自己业务相关的信息，持之以恒，就会带来一定的效果。

9. 多个小号带大号

准备多个小号，小号以吸引人为主。如果你是做男性产品，你的头像最好设置成比较真实的美女图，然后在朋友圈中发一些有吸引力的内容，待布局好之后，就可以去添加好友附近的人，等有一定的用户积累之后，再去分享你的大号信息，也不失为一种好的推广方法。

10. 借力相关 QQ 群推广

加 QQ 群通过之后，不要大肆发广告，我们可以以第三方的身份、马甲演戏的方式进行推广，例如，"悠悠，你上次分享的东西特别好，你能再发我一次吗？我电脑重装了"，然后你在群中再发一次，这样的广告别人更容易接收。

11. 威客推广

现在的威客网站有很多，我们可以找一些威客的推手，让他们帮我们进行推广、宣传。

12. 巧用游戏进行推广

找一些趣味性、互动性较强的游戏，用户看完之后，迫切地想知道答案，这时我们可以巧妙地把答案公布到微信公众号上，并设置好相关的回复。

（二）在文章标题上下工夫

标题是否吸引人，将直接影响文章的阅读量，通常文章标题有以下几种类型，大家可以根据自己的需要进行选择。

1. 分享类标题

分享类标题适合养粉，如你是产后减肥师，那么，你的文章标题就可以以宝宝为切入点，如《夏季宝宝防蚊 7 个实用小窍门》，这种标题宝妈是非常喜欢的。

2. 推广类标题

这类标题往往不受欢迎，点击效果会差一些，所以，这类标题想提高点击率，对它的要求非常高，一定要吸引人才行，如《水中贵族：百岁山你看懂了吗?》。

3. 夸张类标题

这种标题比较有喜感，常用夸张的词汇来表达描述的内容，也是目前用的最多的一种标题形式，如《震惊世界的 10 张照片》。

4. 恐吓类标题

恐吓类的标题是站在用户角度，揭秘其内心最深处的痛，如《你的银行卡，正在被监视》，很容易激发人们点击的欲望。

5. 警告类标题

警告类标题常常会收到意想不到的效果，但前提是你的内容要有一定的价值，如《晚上吃姜真如吃砒霜?》。

6. 数据类标题

数据类标题，适合企业汇报、展现数据，如《微信月活跃用户 6.97 亿　今年交易量将达 5 千亿美元》。

（三）文章内容如何吸引人

什么样的文章能够吸引人呢? 最重要的一条就是符合用户需求，不符合用户需求，再好的文章，用户也不会买账。

虽然原创文章非常受欢迎，但对于微信营销文章来说，没必要一定是原创的，可以参考好的文章进行改写。改写时可以采用收尾修改法和增加修改法，首尾修改法是指去掉广告后，在文章的首尾处添加一些精华内容；增加修改法就是删除文章中不重要的部分，然后把文章内容分成几部分，并列出小标题，在其中插入我们要增加的内容。不管是哪种修改方法，我们要考虑的都是用户感受，文章是给用户看的，自然要写出用户的所需。

在微信公众号后台编辑文章时，有一个自适应手机界面，这是一个非常重要的功能。有时我们在电脑端编辑文章时，展现得非常好，但用手机看却是错位的，不同的手机，错位适度是不同的，这就要求我们对文章进行分段、空格，让人一目了然。

再有就是图文并茂。微信的图文并茂不像软文营销，只需1~2张图片，微信可以一段文字添加一张图片，图片要清晰，图片大小适中，注意不要在图片中出现水印。

（四）与粉丝互动技巧

有了粉丝还不够，还要提高粉丝的活跃度，不然就成了"僵尸粉"，互动是提高粉丝活跃度的重要途径。互动形式可以是多种多样的，常见的有自动回复互动，文章内容互动，即在用户对文章进行评论后，我们及时给予回复；抽奖、分享、送礼品，这是目前使用最多且最有效的方式，具体方法不再详述。

除以上3种互动形式外，在线答疑也是非常受欢迎且效果非常好的互动方式，可以设置一个在线答疑栏目，用户可以通过这个平台进行咨询，这既增加了用户黏度，又提高了客户的购买率。

（五）做好微信公众号排名

微信公众号排名靠前，当用户搜索相关信息时，可以第一时间找到你，其好处不言而喻，如图3-4所示。

那么，怎样才能做好微信公众号排名呢？具体方法如下。

图3-4 微信公众号排名

1. 微信公众号应全匹配

如你推广的是淘宝网，你的微信名称就应该是淘宝网，就像 SEO 一样，它是全匹配，搜索排名自然会靠前。

2. 账号认证

认证的账号会比没有认证的账号排名要靠前，因为认证的账号可信度更高。

3. 地区因素不可忽视

如业务主要针对的是本地用户，例如是广州的装修公司，名称就可以定为"广州装修公司"，当客户搜装修公司的时候，就可能搜索到你。另外，在功能描述、内容方面也要加入一些本地的信息，这样展现的概率才会更大。

4. 提高文章质量与阅读量，增加文章更新频率

文章的质量高、可读性强、阅读量大，能有效提高排名，另外，增加文章的更新频率，对排名也有积极影响。

5. 增加粉丝数量，提高粉丝活跃度

为了增加粉丝，也为了提高粉丝的活跃度，我们可以采取投票、转发、礼品奖励等方式，与粉丝互动起来。

6. 注册时间

一般情况下，注册时间影响不大，但还是早注册为好。

7. 文章更新频率

不管是百度还是微信，都喜欢勤更新。即使公众号布局再好，如果内容空白，也无法让用户喜欢。所以，在勤更新的同时，要保证文章的质量，而不是一味地追求数量，并且要通过互动让粉丝活跃起来。微信营销的技巧还有很多，我们不可能把所有的技巧都学会、学精。我们可以自己研究这些技巧，若没有时间，也可以交给第三方平台进行操作，有创意的营销会让每一个粉丝都成为你推广的推手。

第六节　社群营销

一、如何解读社群营销

什么是社群营销？概括来说，就是利用某种载体来聚集人气，通过产品和服务满足具有共同兴趣爱好群体的需求而产生的商业形态。所谓的载体，就是各种平台，如微信、微博、论坛，甚至是线下的社区，都是社群营销的载体。

例如，猫扑论坛为七喜建立的品牌 Club，将喜爱七喜品牌的网友聚集在七喜 Club 里，并制作了七喜 FIDO 这一卡通形象，使其在消费者的心中留下了深刻的印象，从而让七喜的口碑逐渐地扩大。

可见，消费者对产品不再是功能上的需求，而是更多地追求诸如口碑、品牌、形象等精神方面，通过这些因素建立起对品牌情感的信任。当然，这些信任是建立在由有共同爱好、兴趣、认知、价值观的用户而组成的社群的基础上的。

因此，企业社群营销的关键是要做好服务，形成由产品、试用体验、反馈分享、跟进服务、增值配套、待客激励等组成的一条完整的生态服务链。有了这个核心，企业才能得到客户，这也是社群存在的最大价值。

总之，在未来的道路上，企业品牌如果不进行社群营销，是很难推广的。未来的商业必须走社群之路，企业只有经营好自己的社群，拥有数量庞大的粉丝，才能立于不败之地。

二、社群营销的突破点

建立社群并不是最难的，因为可以在一周内建立一个成百上千人的群，但这并不意味着接下来能把社群做好，因为社群营销并没有想象中那么简单。要想经营好一个社群，我们可以从下面几点进行突破。

（一）把社群成员转变为目标用户

社群营销的第一个突破点是从社群成员到目标用户的转变，通俗地说，就是"变现"，这也是社群营销的一大难题。很多社群做营销，人很容易进来，产品也容易有，但是如何把社群成员转变成目标用户就难多了。手环的出现让运动更加有趣，骑行自然也少不了智能产品，"鸟蛋"就这样产生了。"鸟蛋"由众筹的方式建立社群，吸引自己的粉丝，然后定价

49 元，这亲民的价格符合互联网产品的价格区间。其次，"鸟蛋"老刘把社群成员做了分类，根据贡献及参与度设定了不同的级别，如黄金蛋主、白银蛋主等，还把从"罗辑思维"那里获取的粉丝定义为罗粉蛋主。

这些营销的成功，使得"鸟蛋"很快就众筹 1 万份。其背后出现了 100 位黄金蛋主、1 000 位白银蛋主、365 位罗粉蛋主的高度参与和自发推广，由此创造了 20 分钟众筹 1 万份鸟蛋的众筹目标，打破京东以往的纪录。

当然，成功并不是随随便便的，同样有很多小公司打着"智能"的概念进行众筹，如果只能依靠自然流量和在一些群里发红包来吸引关注，则这种效率是很难有所突破的。如果把相关产品的目标高敏感用户群聚拢起来，以社群营销作为切入点，相信所花费的成本会低很多，效果也能更好一些。

（二）让社群保持持久的热度

社群是有寿命的，玩过微信或者 QQ 群的人都应该知道，当你初次加入一个群时非常热闹，但随着时间的推移渐渐就安静下来了，因此，持久保持社群的热度是社群营销的第二个突破点。那么，如何解决这个问题呢？得从社群成员入手，并在参与机制层面上下工夫。

首先，要梳理并建立更清晰的社群族图谱，每个成员的特点都要以大数据的方式呈现在社群运营者的面前，如每个成员都有哪些能力、特长，关系怎样，这些关系能否推动影响力渗透等。虽然做这些是很费力的，但一个社群要想发展，就必须这样做。

其次，为了持续让社群产生动力和新鲜感，应该赋予社群一个个任务，在每一个任务的驱动下，社群组织才能履行自身的组织职能，带动社群的发展。另外，还要加大投入，刺激并鼓励核心团队参与进来，这样才能更好地完成目标。

总之，社群营销的步骤很容易掌握，但成功的案例较少，主要是因为没有突破以上两点。所以，只有找到正确的方法，用一些更好的方式，才能真正实现营销目标。

三、社群营销的运行方式

移动互联网时代，大家都在谈论社群营销，企业也想抓住社群的优势发展业务。然而，具体如何进行操作，对企业来说有一定的难度。下面我们就来了解一下企业是如何运行社群营销的，或是具备怎样的条件才能做好社群营销。

(一) 意见领袖是动力

社群虽然不像粉丝经济那样依赖个人，但它依旧需要一个意见领袖，这个领袖必须是某一领域的专家或者权威人士，这样才能推动社群成员之间的互动、交流，树立起社群成员对企业的信任感，从而传递价值。

(二) 提供优质的服务

企业通过社群营销可以提供实体产品或某种服务，来满足社群个体的需求。在社群中最普遍的行为就是提供服务。如招收会员、得到某种服务、进入某个群得到某位专家提供的咨询服务等，能吸引不少人群的注意力。

(三) 优质的产品是关键

无论是在工业时代，还是在移动互联网时代，产品都是销售的核心。如今，企业做社群营销的关键依旧是产品，如果没有一个有创意、有卖点的产品，则再好的营销也得不到消费者的青睐。

(四) 宣传一定要到位

企业有了好的产品之后，以什么样的方式展现出来显得尤为重要。在这个移动互联网时代，社群营销可谓是最好的选择了，这种社群成员之间的口碑传播，就像一条锁链一样，一环套一环，信任感较强，比较容易扩散且能量巨大。

（五）选对开展方式

社群营销的开展方式是多种多样的。例如，企业自己建立社群，做好线上、线下的交流活动；与目标客户合作，支持或赞助社群进行活动；与部分社群领袖合作开展一些活动。总之，企业必须在开展社群营销方面多下工夫，才能达到良好的社群营销效果。

第七节　团购平台营销

一、团购平台的概念

（一）团购电商模式

团购就是团体购物，是指认识或不认识的消费者联合起来，提升与商家的谈判能力，以求得最优价格的一种购物方式。根据薄利多销的原理，商家可以给出低于零售价格的团购折扣和单独购买得不到的优质服务。团购作为一种新兴的电子商务模式，通过消费者自行组团、专业团购网站、商家组织团购等形式，提升用户与商家的议价能力，并极大程度地获得商品让利，引起消费者及业内厂商甚至是资本市场的关注。

网络团购也称为 B2T（Business to Team），最早起源于美国的 Groupon，在国内始发于北京、上海、深圳等城市，并迅速在全国各大城市发展起来，成为众多消费者追求的一种现代、时尚的购物方式。它有效防止了不成熟市场的暴利、个人消费的盲目，抵制了大众消费的泡沫。

（二）团购的功能

从商家的角度分析，网络团购既适合新产品的推荐，也适合尾货的清仓，同时也是商家品牌营销的方式之一。

（1）广告功能。企业拨出一部分原有的广告预算来做团购促销，是一种快速建立品牌认知度且很有效率（而且可以量化）的方法，特别容易打开新市场。例如，企业在另一个地区开设分店，可以利用团购作为市场的启动策略，快速提升分店的客流量。

（2）清库存。如果企业原本就准备降价销售清理库存，团购就成为一个很合适的手段。

（3）平衡销售。如果企业的经营有明显的淡旺季之分，那么发起团购就是平衡淡旺季销售的一个好策略。淡季的团购促销会吸引新的顾客，或者用来回馈老顾客在旺季时对企业的支持。

（三）国内几个知名的团购网站

（1）美团。美团网成立于2010年3月，为消费者发现最值得信赖的商家，让消费者享受超低折扣的优质服务；为商家找到最合适的消费者，给商家提供最大收益的互联网推广（图3-5）。

（2）大众点评网。大众点评网于2003年4月成立于上海。大众点评是中国领先的本地生活信息及交易平台，也是全球最早建立的独立第三方消费点评网站。大众点评为用户提供商户信息、消费点评及消费优惠等信息服务，同时亦提供团购、餐厅预订、外卖及电子会员卡等O2O（Online to Offline）交易服务（图3-6）。大众点评是国内最早开发本地生活移动应用的企业，目前已经成长为一家移动互联网公司。大众点评移动客户端已成为本地生活必备工具。

图 3-5 美团网

图 3-6 大众点评网

二、团购平台应用

（一）商家参与团购的流程

（1）分析商品是否适合团购。不是所有的企业和商品都适合做团购，所以企业应首先分析自己的商品是否适合团购。通常我们可以从以下几个方面来分析：是否存在大量的市场需求；是否具备一定的品牌影响力，品牌商品适当的折扣就会让消费者趋之若鹜；是否属于高毛利商品，因为消费者选择团购一个很重要的原因就是价格实惠。

（2）确定商品信息。一次团购应该推出哪款商品、如何定价、货源组织等都是需要充分考虑的问题。例如，备多少货，是个很复杂的事情。备货多了，资金会积压；备货少了，补货速度有可能跟不上，则会影响销售。所以，正式开团之前需要有一个合理的预估。预估的准确与否主要取决于团购网站的能力强弱和自身产品受欢迎的程度。

（3）联系团购网站发布团购信息。团购网站的选择要视产品情况而定。如餐饮、娱乐、美容等，应该联系在本地有较大客源和影响力的团购网站，而食品、服饰、酒店等则应该考虑推广渠道更为广泛的大型团购网站。选定团购网站后，确认团购产品，签订团购合同。

（4）发货前的准备。团购开始后，要派专人负责售前服务，如果是实物商品，应开始为发货做好各项准备，包括联系快递公司、准备商品的包装材料、备用人员等。

（5）发货。什么时候开始发货？很多团购网站的合同都是要求"团购完三天内发货"，但是如果真的按照既定时间发货，一旦遇上特别大的团购量就无法完成及时发货，所以，尽量要从拿到数据的那一刻，就开始打单发货。发货这一环节需要特别注意：一是避免发错货；二是把好商品品质关。商品快递发出后，一旦出现质量问题，售后的压力会很大，而且处理不好还会影响品牌在市场上的声誉。

（6）售后服务。一个企业没有准备好团购商品和服务就去面对一次突然的客流高峰，很可能会破坏品牌的顾客体验。而一款特意打造的团购商品，如果被批得一文不值，这无疑是负面营销，比不营销还惨，所以团购的售后服务也很重要。

首先，团购售后服务要注意部分"刺头客户"，这部分人对产品很挑剔，一定要把他们的意见解决好，否则对企业的不利言论一旦在网上传播，将会给企业带来难以预料的后果。其次，是退换货问题，要严格按照《中华人民共和国消费者权益保护法》等法律及企业事先的承诺及时处理。此外，还有一些突发的问题应该要有专人负责处理。

（二）商家在线向团购网申请合作

本部分以大众点评网为例（其他团购网站操作流程大致类似）来说明合作流程。

第一步：在大众点评网提交商家的合作意向。

第二步：点评网审核合作意向（10天内完成）。

第三步：根据商家提供的电话或者邮件进行反馈与沟通。

第八节　微店营销

一、准备好售卖的商品

选定了微店 App 之后，不要着急注册。注册之后，店铺就开张了，因此在注册（开张）之前，想好是开个人微店或者企业微店。

个人微店是用个人身份证、银行卡认证。

企业店需要工商营业执照、对公账号。

最好先准备好售卖的商品，售卖商品的选择，对于微店的生存与发展至关重要。选择商品的六大原则如下。

(一) 商品与目标客户匹配

微店开起来之后，很可能会出现这种情况：当你"众里寻他千百度"，终于找到了一款中意的商品并以最快速度上架，然后怀着激动的心情等待日进斗金时，却发现一个星期过去了，一个月过去了，商品没卖出去几件。

造成这种状况的原因，可能与商品本身有关，如质量不过关、价格不公道等，但更大的可能是店主没有把自己的资源与商品进行有效匹配。

你的朋友圈子——包括微信、QQ 等好友，大致是一群什么属性的人，你的商品就应该围绕这些人的需求去设计。当然，你也可以先找准商品，再有目的地去开发对这类商品有需求的客户群，只是要在营销上多下点工夫。

无论如何，商品一定要与目标客户匹配。别去干把冰箱卖给爱斯基摩人的傻事，那只是一些营销培训师的臆想和噱头。

(二) 选择当季商品

所谓选择当季商品，就是说要顺应消费者的需求变化。如果天空飘起了雪花，还有人在销售超短裙，那么这家微店就离关门不远了。

当消费者的需求随着各种主观或客观的因素发生变化时，店主一定要把握住时机，对商品进行相应的调整与更换，这样才能让微店受到持续关注。

(三) 选择热卖商品

相对于一般商品，热卖商品更能吸引眼球，也能给微店带来更多的人气与销售额。所以选择热卖商品是一个不错的主意。

在选择热卖商品时，对进入的时机和未来的市场变化趋势要有一个清醒的认识。如果时机选择不当（如市场已经趋于饱和），或者对市场预期不准（如行情出现滑落），很可能会遭遇失利。

（四）避免商品的多样性

在选择售卖商品的时候，部分店主或许会这样想：销售的商品种类越多，客流量就会越大，营业额也会越高。这是微店经营中的认识误区。

微店不同于实体的超市，商品越全，对顾客越有吸引力。实践证明，集中一种单品进行销售的微店，其业绩要比那些销售商品种类繁多的微店高很多。

造成这种差异的原因在于：微店的商品种类太多会分散经营者的精力，店主难以保证在售商品的性价比；待客服务也因为自己不专业（种类太多，记不下来），很难做到有效推荐。

微店的核心竞争力在于"小而专，小而精"，在于拥有一群铁杆粉丝。

（五）选择性价比高的商品

商品的质量除以价格即为性价比。质量的分子越大，或价格的分母越小，该商品的性价比就越高，越容易受到消费者的欢迎。反之，性价比低的商品，相对会滞销。

性价比的高低，是店主在选择商品时必须慎重考虑的一个问题。例如，同样一件商品，在质量差异不大的情况下，当然要选择价格更便宜的那一种。

二、四项准备工作

凡事都不能打无准备之仗。下面是注册微店之前的准备工作汇总。

（一）明确售卖商品

选定售卖商品是在开店之前必须确定的事情。当然，要做好这件事，必须经过细致的市场调研，同时还要根据自己的资源来选择。

（二）准备一部智能手机

开实体店需要商铺，开淘宝需要电脑，而开微店只要有一部智能手机就可以了，这也是微店之所以"微"的主要原因。

有一点值得注意：微店的营销推广工作以及与买家进行交流、沟通，会涉及微信、微博、QQ等社交工具的应用，所以在开通微店之前，要把这些社交软件下载到手机上。

（三）准备一张银行卡

在开通微店之前，店主应该准备好一张用于收款的银行卡，并绑定在自己的微店支付功能上。

微店平台几乎支持所有类型的银行卡。

（四）下载 App 应用

微店经营——如产品的营销推广、日常管理等，都将在所选取的微店 App 上进行。

在微店 App 的选择上，店主一定要考虑全面，最好先对备选的微店 App 应用进行全面了解和综合评估。如应用过程中是否得心应手，是否便于交易工作的顺利进行等，然后再进行选择。

当然，还有一些细节也需要提前考虑，例如，提前想好微店的名称，提前准备好微店的头像等。

一切准备妥当之后，微店就可以华丽丽地登场了。

三、微店注册

微店有个人微店和企业微店两种。

第一步　输入手机号码。同意微店平台服务协议和微店禁售商品管理规范，如图 3-7 所示。

图 3-7　输入手机号码

第二步　接收短信验证码的手机号码确认，如图 3-8 所示。

第三步　设置您的登入密码，如图 3-9 所示。

第四步　创建店铺。上传头像，取一个自己喜欢的名字作为店铺名，开通担保交易，点击"完成"，如图 3-10 所示。

第五步　开店成功，如图 3-11 所示。

注意：微信企业店的开通，需要用电脑登录网页版微店（d. weidian. com），用个人微店账号登入后，点击"个人资料"。在页面上有个"转企业微店"按钮（图 3-12）。

进入"转企业微店"页面，上传营业执照、银行开户许可证扫描件或者照片。按要求填写资料。再按要求完成操作，进行下一步，直到注册成功。

第六步　进入微店页面，点击"我的收入"，点击"绑定

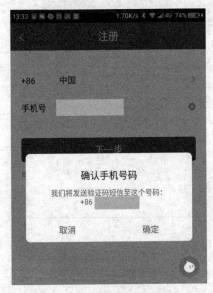

图 3-8 确认手机号码

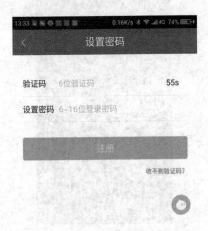

图 3-9 设置密码

图 3-10 创建店铺

图 3-11 开店成功

图 3-12　"转企业微店"操作

银行卡",如图 3-13 所示。

　　第七步　在认证页面,点击"去认证"按钮,进行实名认证,如图 3-14 所示。

图 3-13　绑定银行卡　　　图 3-14　实名认证

　　第八步　填写身份信息,绑定自己的银行卡,作为提现用,点击"实名认证并绑卡"完成。实名制认证成功!如图 3-15 所示。

图 3-15　认证成功

　　第九步　在手机微店页面点击微店，进入"微店管理"，按要求开通各种服务项目（图 3-16）。

图 3-16　微店管理

（1）点击店铺名，进入微店信息，上传自己的店标、头像、店长昵称、微信号、微信二维码、客户电话、主营类目、微店地址，添加微信号和微信二维码是为了方便和客户联系（图3-17）。

（2）点击"身份认证"上传实名制人的身份证件完成证件认证，证件认证了才可以开通直接到账项目（图3-18）。

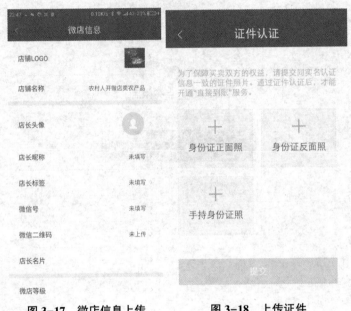

图 3-17　微店信息上传　　　　图 3-18　上传证件

（3）在微信中点亮微店。这样更有利于利用微信推广店铺和产品（图3-19）。

（4）用电脑登录网页版微店（d. weidian. com），在首页找到"加入QQ购物号"，申请加入。注：QQ购物号也就是QQ号（图3-20）。

图 3-19　点亮微店

图 3-20　加入 QQ 购物号

第四章　农产品物流与配送

第一节　农产品仓储

一、农产品仓储作业管理的内容

仓储作业是指以保管活动为中心，从仓库接收物品入库开始，到按需要把物品全部完好地发送出去的全过程。仓储作业过程主要由入库、保管和出库三个阶段组成，按其作业顺序来看，一般可以分为卸车、检验、整理入库、保养保管、检出与集中、装车和发运七个作业环节；按其作业性质可归纳为物品检验、保管保养、装卸与搬运、加工、包装和发运六个作业环节。

二、仓储作业流程

仓储作业流程包括实物流过程和信息流过程两个方面。

（一）实物流

实物流是指库存物实体空间移动的过程。对仓库而言，它是货物从库外流向库内，并经合理停留后再流向库外的过程。

从作业内容和作业顺序来看，主要包括接运、验收、入库、保管、保养、出库、发运等环节，实物流是仓库作业最基本的活动过程。仓库各部门、各作业阶段与环节的工作，都要保证和促进库存物的合理流动。

（二）信息流

信息流是指仓库库存物信息的流动，实物流组织是借助一定的信息来实现。这些信息包括与实物流有关的货品单据、凭证、台账、报表、技术资料等，它们在仓库各作业阶段和环节的填制、核对、传递、保存形成了信息流。信息是实物的前提，控制着物流的流量、流向、速度和节奏。

第二节　农产品运输

一、运输概述

运输是指用设备和工具，将物品从一个地点向另一地点运送的物流活动，其中包括集货、分配、搬运、中转、装入、卸下、分散等一系列操作。它是在不同地域范围之间，以改变"物"的空间位置为目的的活动，即对"物"进行空间位移。

运输提供两大主要功能：产品转移和产品储存。

（一）产品转移

无论产品处于哪种形式，是材料、零部件、装配件、在制品，还是制成品，也不管在制造过程中是转移到下一阶段，还是更接近最终的顾客，运输都是必不可少的。运输的主要功能就是产品在价值链中的来回移动。既然运输利用的是时间资源、财务资源和环境资源，那么，只有当它确实提高产品价值时，该产品的移动才是重要的。

运输之所以利用时间资源，是因为产品在运输过程中是难以存取的。这种产品通常是指转移中的存货，是各种供应链战略如准时化和快速响应等业务所要考虑的一个因素，以减少制造和配送中心的存货。

运输之所以要使用财务资源，是因为产生于驾驶员劳动报酬、运输工具的运行费用，以及一般杂费和行政管理费用的分担。此外，还要考虑因产品灭失损坏而必须弥补的费用。

运输直接和间接地使用环境资源。在直接使用方面，运输是能源的主要消费者之一；在间接使用环境资源方面，由于运输造成拥挤、空气污染和噪声污染而产生环境费用。

运输的主要目的就是以最少的时间、最低的财务和环境资源成本，将产品从原产地转移到规定地点，而且产品灭失损坏的费用也必须是最低的。同时，产品转移所采用的方式，必须能满足顾客有关交付履行和装运信息等方面的要求。

（二）产品储存

对产品进行临时储存是一个不太寻常的运输功能，也就是将运输车辆临时作为储存设施。然而，如果转移中的产品需要储存，但在短时间内（如几天后）又将重新转移的话，那么，该产品在仓库卸下来和再装上去的成本也许会超过储存在运输工具中每天支付的费用。

在仓库空间有限的情况下，利用运输车辆储存不失为一种可行的选择。可以采取的一种方法是，将产品装到运输车辆上，然后采用迂回线路或间接线路运往目的地。对运输车辆采用的迂回线路来说，转移时间将大于比较直接的线路，费用也是昂贵的，一般应是在中转地停留，待机销售或入库。当起始地或目的地仓库的储存能力受到限制时，这样做是合情合理的。在本质上，这种运输车辆被用作一种临时储存设施，但它是移动的，而不是处于闲置状态。

概括地说，用运输工具储存产品可能是昂贵的，但当需要考虑装卸成本、储存能力限制，或延长前置时间的能力时，从物流总成本或完成任务的角度来看或许更划算。

二、农产品运输的定义

农产品运输是指按照农产品消费需求，在农产品配送中心、农产品批发市场、连锁超市甚至是农产品采摘的源头，将农产品进行整理、分类、装卸等一系列活动，最后将农产品交给消费者的过程。

农产品运输主要包括农产品供应商的运输和超市连锁运输两个方面，前者主要包括农产品运输配送至企业，农产品批发市场、农产品生产者的专业协会等配送主体向超市、学校和社区家庭等消费终端配送农产品的过程；后者主要是经营农产品的超市由总部配送中心向各连锁分店和其他组织配送农产品的过程。

运输是农产品物流的一个必要环节。人们通过运输把农产品从生产地运往消费地或集散地。安全有效率的运输，不仅包括运输路径规划的安全性、运输费用的低廉，还包括农产品在运输中产生的破损腐蚀等必要损耗的合理性。我国地域广大，农产品因为运输距离远、运输时间长以及农产品破损产生的损失，都增加了农产品的运输成本，降低了农产品的运输品质，从而降低了我国农产品在国内外市场的竞争力。

从古至今，农产品本身就具有易腐性、区域性、季节性、分散性、保鲜短等特点，同时，农产品不仅是人们的生活必需品，也是人们的消费必需品，因此，农产品还具有消费弹性小这一区别于其他产品的特点。

三、农产品运输的特点

我国是农业大国，可是受到地形与地理条件的限制，我国存在着农产品生产与消费分散且多样的特点，农产品的生产地与销售地往往相隔甚远。在这样的条件下，为了满足农产品的消费需求，适应人们的消费多元化，对农产品运输有了更高的要求。跟一般的产品运输相比，农产品运输在运输过程中具有装卸多次、运输不对称以及运输技术要求高等特点，具体表现在以下几个方面。

（一）农产品运输网点分布众多

我国历史悠久，地大物博，造就了我国农产品品种多、农业生产点多面广的局面，同时也导致人们消费农产品的区域较为分散，没有形成集中化。因此，农产品运输的装卸比大多数的消费品流程更为复杂，农产品单位运输的费用较高，人力资源消耗也较大。由于城市交通的限制和用户需求多样化，农产品企业不得不在距离用户较近的居民区设置大量的配送点。

（二）农产品运输的区域性

农产品生产具有地域性，并且消费者的需求是不断变化的，因此需要在不同的地域之间进行农产品的流通与交易。但是，农产品有着鲜活易腐的特点，即使在运输过程中采用了保鲜等措施，仍会有一定的损失，而且损失的大小会随着运输时间的多少以及运输距离的长短呈正比变化，使单位运输成本上升，从而限制了农产品的运输半径，这一点显然有别于普通物流运输方式。

（三）农产品运输相对风险大

农产品运输风险主要来自3个方面：一是农产品生产与消费的分散性，使得经营者难以取得垄断地位，市场信息较为分散，人们难以全面把握市场供求信息及竞争者和合作者的信息；二是农业生产的季节性强，生鲜农产品上市时如果在短时间内难以调节，会使市场价格波动较大，这种情况在中国农产品流通市场上经常出现；三是以鲜活形式为主的农产品，多数易损易腐，因此，必须根据农产品自身的化学性质和物理性质选择合适的运输方式和恰当的运输工具。对于某些农产品，尤其是保质期短、生鲜要求高的农产品，要科学地规划运输方式和运输工具，以满足消费者需求，从而提高配送效率。

第三节　农产品配送

一、配送

（一）配送的定义及特点

物流是在经济合理区域范围内，根据用户要求，对物品进行拣选、加工、包装、分割、组配等作业，并按时送达指定地点的活动。

配送的概念既不同于运输，也不同于旧式送货，它具有以下几个特点。

（1）配送是从物流据点至用户的一种特殊送货形式，是以分拣和配货为主要手段，以送货和抵达为主要目的的一种特殊的综合性物流活动。

（2）从事送货的是专职流通企业，用户需要什么配送什么，而不是生产企业生产什么送什么。

（3）配送不是单纯的运输或输送，而是运输与其他活动共同构成的组合体，及时组织物资订货、签约、进货、分拣、包装、配装等对物资进行分配、供应处理的活动。

（4）配送是以供应者送货到户式的服务性供应。从服务方式来讲，是一种"门到门"的服务，可以将货物从物流据点一直送到用户的仓库、营业场所、车间乃至生产线的起点或个体消费者手中。

（5）配送是在全面配货基础上，完全按用户要求，包括种类、品种搭配、数量、时间等方面所进行的运送。因此，除

"送"的活动外，还要从事大量分货、配货、配装等工作，是"配"和"送"的有机结合形式。

（二）配送的分类

按不同的分类标准，物流配送有以下分类。

（1）按配送主体所处的行业不同，可以分为制造业配送、物流企业配送、商业配送和农业配送。

（2）按配送时间及数量的不同，可以分为定时配送、定量配送、定时定量配送、定时定线路配送和即时配送。

（3）按照配送商品种类及数量的不同，可以分为少品种大批量配送、多品种少批量配送和配套配送。

（4）根据加工程度不同，可以分为加工配送和集疏配送。

（5）按经营形式不同，可以分为供应配送、销售配送、销售—供应一体化配送和代存—代供配送。

（6）按照配送企业专业化程度，可以分为综合配送和专业配送。

（7）按实施配送的节点组织的不同，可以分为配送中心配送、商店配送、仓库配送和生产企业配送。

（三）配送的目标

目前，很多国家和地区广泛实行物流配送，配送已成为企业经营活动的重要组成部分。配送之所以备受青睐，是因为在社会再生产活动中，配送有其特殊的功能。一是实行物流配送能够充分发挥专业流通组织的综合优势。实行配送可以将不同的流通组织联系在一起形成多功能、一体化的物流活动。这种以配送作为媒介所形成的一体化运动比单个专业企业独立运作更能发挥流通组织的整体优势和综合优势，有利于物流活动的高效运转，实现流通过程的高效性和便捷性。二是实行物流配送可以降低物流成本。由于实施物流配送的各项流通要素相对集中，有利于开展规模经营活动，形成规模经济；流通的物资资源也相对集中，便于合理安排物流活动的各个环节，实现货物的合理搭载，最终会减少配送过程的劳动消耗和费用支出。三是实行物流配送有利于整合配置资源。由于实施配送可以将相对分散的库存集中起来进行整合，实现库存的相对集中。因此，在货物集中的前提下，按照消费者的需求，合理分配和使用资源，做到物尽其用，实现配送过程中资源的经济合理利用。

配送的目标就是在满足一定服务水平的前提下，尽可能地降低配送费用，提高物流效率。具体来讲，主要有以下4个目标。

（1）及时性。及时性是配送的生命，如果配送不能达到及时性的要求，企业就会寻求库存的保障，这样配送就没有存在的必要了。

（2）快速性。快速性是物流配送的要求，也是物流配送服务存在的基础。

（3）可靠性。可靠性是物流配送的效果和目标。物流配送不但要快速及时地把货物送到客户手中，还要保证货物的质量，不能在配送中发生货物缺失、损坏等问题，做到可靠配送。

（4）节约性。物流配送的主要利润来源就是节约，物流配送要通过不断简化物流流程，优化配送路线，达到节约物流费用的目的。

总之，物流配送系统管理的核心可以概括为：以较低的库存量和规模化的物流配送来降低物流成本；通过对物流配送系统的规划、组织、指挥、协调、监督和控制，使得配送过程的各个环节实现最佳配合，提高配送服务水平，并为客户创造时空效应，提供最大化的让渡价值。

（四）配送模式

在物流配送过程中，当供应链配送网络确定之后，配送模式的选择就成了减少配送成本、提高服务水平的关键。配送模式对库存有很大影响，因此，正确地选择物流配送模式对改善配送效果、提高物流运作效率有重大意义。

结合国外发展经验及我国的配送理论与实践来看，物流配送主要有自营型物流配送模式、协作型物流配送模式、第三方物流配送模式和第四方物流配送模式。自营型物流配送模式是企业利用自身物流部门进行配送的运作模式，协作型物流配送模式是企业之间以协议的形式共同经营配送中心进行协同配送的运作模式，第三方物流配送模式是在企业自身配送能力不能满足物流需求时而把物流配送作业任务外包给第三方专业物流公司的运作模式，第四方物流配送模式是指集成各商家、企业利用具有互补性的服务供应商所拥有的各种资源来控制、整合客户公司的一整套供应链运作模式。

根据配送节点数量物流配送又可以分为分散型配送和集中型配送，分散型配送可以更靠近自己的顾客，从而缩短供货时间，运输成本也较低，可以分区设点——区域物流中心；集中型配送可以使企业用更少的库存来达到较高的顾客服务水平，或在相同总库存量的条件下达到更高的顾客服务水平，起到风险吸收池的作用。

（五）配送的业务流程

在市场经济条件下，用户所需要的大量货物大部分都是由销售企业、供应商或者需求企业委托专业配送企业进行配送服务，但货物品种多样，有不同的特征，配送服务形态也各种各样。一般来讲，物流配送的业务流程主要包括备货、储存、订单处理、分拣、配货、补货、送货和装卸搬运 8 个部分。

备货是物流配送的第一环节。一般而言，备货工作包括用户需求测定、筹集货源、订货或购货、集货、进货及对货物质量和数量的检查、结算交接等。

储存作业是指把将来要使用或要出货的物料进行保存。在此过程中应注意空间运用的弹性和存量的有效控制。

订单处理是指配送企业从接受用户订货或配送要求开始到着手准备拣货之间进行的有关订单信息的工作，通常包括订单资料确认、存货查询、单据处理等内容。

分拣和配货是同一个工艺流程中的两项有着紧密关系的经济活动，通常这两项活动是同时进行并完成的。

补货作业是将货物从仓库保管区搬运到拣货区的工作，其目的是确保商品能保质保量按时送到指定的拣货区，主要有整箱补货、托盘补货和货架上层—货架下层 3 种补货方式。

送货是利用配送车辆把用户订购的物品从制造厂、生产基地、批发商、经销商或配送中心，送到用户手中的过程。送货主要包括四项活动：搬运、配装、运输和交货。

装卸搬运是指为了使货品能适时、适量移至适当的位置或场所，将不同形态的散装、包装或整体的原料、半成品或成品，在平面或垂直方向上加以提起、放下或移动、运送的作业程序。

二、农产品配送的概念及特点

（一）农产品配送的概念

配送是在集货、配货基础上，完全依据用户需求，将物品种类和数量进行合理的搭配，然后在指定的时间内将物品送达指定地点，它利用有效的分拣、配货等理货工作，使送货达到一定的规模，以利用规模优势取得较低的送货成本，是"配"和"送"的有机结合形式。从经济学资源配置的角度看，配送是以现代送货形式实现资源配置的经济活动。从实施形态角度看，配送是按用户订货要求，在物流节点进行货物配备，并以最经济合理方式送交消费者的过程。

农产品配送是指按照农产品消费者的需求，在农产品配送中心、农产品批发市场、连锁超市或其他农产品集散地进行加工、整理、分类、配货、配装和末端运输等一系列活动，最后将农产品交给消费者的过程，其外延主要包括农产品供应商配送和超市连锁配送两方面。其中，前者主要包括农产品配送企业、农产品批发市场、农产品生产者的专业协会等配送主体向超市、学校、宾馆和社区家庭等消费终端配送农产品的过程，后者主要是经营农产品的超市由总部配送中心向各连锁分店和其他组织配送农产品的过程。相对于整个物流系统而言，配送是系统的终端，直接面对最终的服务对象。配送系统功能所能达到的质量和服务水平，直接体现了物流系统对顾客需求的满足程度。配送是物品位置转移的一种形式，它与运输的含义不同。通常配送被认为是近距离、小批量、多品种、按用户需求品种和数量进行搭配的服务体系。

（二）农产品配送特点

农产品配送是农产品物流系统中的一个重要环节。农产品配送是在农产品供应链系统目标的指导下，按照下游需求节点的订货要求，在农产品物流各节点组织的同步协调下采用合理的农产品物流配送模式和配送方式，利用各种物流工具，把农产品由上游供应节点准确、及时地运送到下游需求节点的物流活动。

农产品配送具有以下特点。

（1）农产品配送的保鲜性要求越来越高。随着人们生活水平的提高，人们对农产品新鲜度的要求也越来越高。农产品在采摘后仍是鲜活的有机体，因此需要采用冷链运输以降低农产品的呼吸和蒸腾作用，保持农产品的新鲜度。

（2）农产品配送具有易损性。农产品质地鲜嫩，含水量高。在采收、装卸、配送、运输过程中容易受到伤害，受损的农产品容易遭遇病菌的侵袭，造成农产品腐烂。在农产品采摘之后除了对包装、配送运输和装卸过程加强管理之外，还应尽量减少搬运、装卸的次数和缩短运输距离。

（3）农产品配送的及时性要求较高。消费者对农产品的第一要求就是农产品的新鲜度，新鲜的农产品不仅可以赢得消费者的喜爱，而且可以使消费者支付较高的价格。农产品从原产地采摘后应该及时地运送到消费者手中，这对农产品物流配送提出了更高的要求。

（4）农产品配送路径的复杂性。因为农产品的生产分散性和农产品消费的普遍性，决定了农产品配送路径的特征模式为强发散性+强收敛性+中度发散性+强发散性。正因为农产品配送路径的这一特征，导致农产品配送控制高难度、管理复杂性和物流建设投资的巨大性。

（5）农产品配送需求的不确定性。随着科技不断进步，人们生活水平的不断提高，农产品品种和品牌日益增多，流通渠道也日益复杂，消费者对农产品价格、品质和服务日渐敏感，购买偏好和习惯更让人捉摸不定，存在很大的不确定性。农产品消费模式也从温饱型转向质量型、服务型，这给农产品流通带来了很大压力，能否准确地把握消费者需求并快速响应，已成为农产品配送成功的关键。

第四节　包　装

一、包装的定义

中国国家标准 GB/T 4122.1—1996《包装术语　基础》中，包装的定义是：为在流通过程中保护产品，方便储运，促进销售，按一定技术方法而采用的容器、材料及辅助物等的总体名称。也指为了达到上述目的而采用容器、材料和辅助物的过程中施加一定技术方法等的操作活动。

理解产品包装的含义，包括两方面意思：一方面是指盛装产品的容器而言，通常称作包装物，如袋、箱、桶、筐、瓶等；另一方面是指包装产品的过程，如装箱、打包等。

产品包装具有从属性和商品性等两种特性。包装是其内装物的附属品；包装是附属于内装物的特殊产品，具有价值和使用价值，同时又是实现内装产品价值和使用价值的重要手段。

二、包装的产生

一般认为，包装通常与产品联系在一起，是为实现产品价值和使用价值所采取的一种必不可少的手段。所以，包装的产生应从人类社会开始产品交换时算起。同时，包装的形成也是紧紧与产品流通的发展联系在一起的。包装的形成可分为 3 个阶段。

（一）初级包装阶段

在产品生产的发展初期，产品交换出现后，为了保证产品流通，首先需要的是产品运输和储存，即产品要经受空间的转移和时间的推移的作用。包装的作用是为产品提供保护。这一时期，包装通常是指初级包装，即完成部分运输包装的功能，使用箱、桶、筐、篓等初级包装容器。由于没有小包装，产品在零售时需要分销。

（二）包装发展阶段

此阶段，不仅有运输包装，而且出现了起传达美化作用的小包装。随着商品经济的发展，产品越来越多，不同企业生产不同质量和不同花色品种的产品。一开始生产者以产品特征来使消费者区分出企业的产品，后来逐步以小包装来起传达这种信息的作用。随着市场竞争的激烈，小包装进而又起到美化和宣传产品的作用。该时期，运输包装仍主要起保护作用，而小包装则主要起区别产品、美化和宣传产品的作用。由于有了小包装，产品不必在零售时分销，但产品仍需售货员介绍和推销。

（三）销售包装成为产品的无声推销员阶段

超市销售方式的出现把包装推向更高的发展阶段。这一时期包装的特点是：小包装向销售包装方向过渡，销售包装已真正成为产品不可分割的一部分，已成为谋取附加利润的重要手段，销售包装在生产销售和消费中所起的作用也越来越大。同时，运输包装也从单纯的保护朝向如何提高运输装卸效率的方向发展。

包装发展到现阶段，通常称为现代包装。在现代化产品生产中，产品对包装的依附性越来越明显，在整个生产，流通、销售乃至消费领域中都需要一个附属品——包装，缺少它就难以形成社会生产的良性循环。所以，虽然现代包装的种类增多，功能增加，成本比重增加了，包装仍然是内装产品的附属品，而且包装发展会受到产品的制约，内装产品的特点及其变化是影响包装发展的最根本因素。另外，在现代化的产品生产中，包装本身的商品性也越来越明显。这说明包装发展至今，虽然产品对包装的依附性增加，但包装生产对产品生产的依附性降低，其相对独立性增加。

目前，包装生产已成为重要的工业部门之一。在全国40个主要行业中，包装行业列第12位。包装同其他社会必要劳动产品一样具有商品性，成为部门间的买卖对象。

现代包装概念反映了包装的商品性、手段性和生产活动性。包装的价值包含在产品的价值中，不但在出售产品时给予补偿，而且会因市场供求关系等原因得到超额补偿。优质包装能带来巨大的经济效益。包装是产品生产的重要组成部分，绝大多数产品只有经过包装，才算完成它的生产过程，才能进入流通和消费领域。

在包装工程领域中，一般来说，一个产品加上包装才能形成一个具有竞争力的商品。包装是依据一定的产品数量、属性、形态以及储运条件和销售需要，采用特定包装材料和技术方法，按设计要求创造出来的造型和装饰相结合的实体，具有艺术和技术双重特性，具有形态性、体积性、层次性、整体性等多方面特点。从实体构成来看，任何一个包装都是需要采用一定的包装材料，通过一定的包装技术方法制造的，都具有各自独特的结构、造型和外观装潢。因此，包装材料、包装技法、包装结构造型和表面装潢是构成包装实体的四大要素。包装材料是包装的物质基础，是包装功能的物质承担者。包装技术是实现包装保护功能、保证内装产品质量的关键。包装结构造型是包装材料和包装技术的具体形式。包装装潢是通过画面和文字美化、宣传和介绍产品的主要手段。这四大要素的结合，需要完美的设计来完成，只有这样才能构成市场需要的包装实体。

三、包装的功能

包装的功能主要体现在以下几个方面。

（一）保护产品

保护产品是包装最重要的功能之一。产品在流通过程中，可能受到各种外界因素的影响，引起产品污染、破损、渗漏或变质，使产品降低或失去使用价值。科学合理的包装，能使产品抵抗各种外界因素的破坏，从而保护产品的性能，保证产品质量和数量的完好。

（二）便于产品流通

包装为产品流通提供了基本条件和便利。将产品按一定的规格、形状、数量、大小及不同的容器进行包装，而且在包装外面通常都印有各种标志，反映被包装物的规格、品名、数量、颜色以及整体包装的净重、毛重、体积、厂名、厂址及储运中的注意事项等，这样既有利于产品的调配、清点计数，也有利于合理运用各种运输工具和存储，提高装卸、运输、堆码效率和储运效果，加速产品流转，提高产品流通的经济效益。

（三）促进和扩大产品销售

设计精美的产品包装，可起到宣传产品、美化产品和促进销售的作用。包装既能提高产品的市场竞争力，又能以其新颖独特的艺术魅力吸引顾客、指导消费，成为促进消费者购买的主导因素，是产品的无声推销员。优质包装在提高出口产品竞销力、扩大出口、促进对外贸易的发展等方面均具有重要意义。

（四）方便消费者使用

销售包装随产品的不同，形式各种各样，包装大小适宜，便于消费者使用、保存和携带。包装上的绘图、商标和文字说明等，既方便消费者辨认，又介绍了产品的性质、成分、用途、使用和保管方法，起着方便与指导消费的作用。

（五）节约费用

包装与产品生产成本密切相关。合理的包装可以使零散的产品以一定数量的形式集成一体，从而大大提高装载容量并方便装卸运输，可以节省运输费、仓储费等项费用支出。有的包装容器还可以多次回收利用，节约包装材料及包装容器的生产，有利于降低成本，提高经济效益。

总之，产品包装应当具有的基本功能是：保护功能、方便功能、促销展示功能。

四、包装件的构成

包装件的定义：包装件是指产品经过包装所形成的总体，即包装与产品的总称。一般由产品、内包装和外包装三部分组成。

典型的包装件组成成分包括 8 个部分，即包容件、固定件、搬运件、缓冲件、表面保护件、防变质件、封缄件和展示面。一般常见的包装件并不一定必须包括上述所有部分。

五、包装的基本要求

（一）要适应产品特性

一个产品的包装必须根据该产品的特性、分别采用相应的材料与技术，使包装完全符合产品理化性质的各项要求。

（二）要适应流通条件

要确保产品在流通全过程中的安全，产品包装应该具有一定的强度、刚度、牢固、坚实、耐用的特点。对于不同运输方式和运输工具，还应当有选择性地利用相应的包装容器和技术处理。总之，整个包装应当适应流通领域中的仓储运输条件和强度要求。

（三）包装要适量和适度

对销售包装而言，包装容器的大小与内装产品要相适宜，包装费用，应与内装产品的实际需要相吻合。预留空间过大、包装费用占产品总价值比例过高，都是有损消费者利益、误导消费的"过度包装"。

（四）标准化

产品包装必须执行标准化，对产品包装的包装重量、规格尺寸、结构造型、包装材料、名词术语、印刷标志、封装方法等加以统一规定，逐步形成系列化和通用化，以便有利于包装容器的生产，提高包装生产效率，简化包装容器的规格，降低成本，节约原材料，便于识别和计量，有利于保证产品包装的质量和产品安全。

（五）产品包装要做到绿色和环保

产品包装的绿色、环保要求有两个方面的含义：首先是选用的包装容器、材料、技术本身对产品、对消费者而言，应是安全的和卫生的。其次是采用的包装技法、材料容器等对环境而言，是安全的和绿色的，在选择包装材料和制作上，要遵循可持续发展原则，节能、低耗、高功能、防污染，可以持续性回收利用，或废弃之后能安全降解。

六、包装的技术要求

（一）包装技术的概念

包装技术是指为了防止产品在流通领域发生数量损失和质量变化，而采取的抵抗内、外部影响质量因素的技术措施，又称产品包装防护方法。

（二）产品包装技术的要求

影响产品质量变化的内、外部因素分为物理、化学、生物等因素。产品包装防护技术正是针对以上影响产品质量的内、外部因素而采取的具体防范措施。

七、产品的质量与包装

常言说得好："红花虽好，还要绿叶扶持。"产品的质量和包装，犹如红花和绿叶。产品的质量当然是居于支配地位的，人们不是为了买包装去选购产品的。

但是包装也决不可忽视。好的包装不仅能保护产品，便于销售和携带，美化产品，提高身价，激起消费者的购买欲望，而且能起到无声推销员的作用。好的包装系统设计，不仅提高了产品的附加值，又是一种艺术形式。当一种产品质量一流时，但包装不好，也会造成滞销，这时，产品的包装就上升为主要方面了。如我国曾经向美国出口小瓶青岛啤酒，原料和工艺是一流的，酒色清亮，泡沫细密纯净，喝到嘴里更是醇香可口，跟外国啤酒相比，毫不逊色。可是因为青岛啤酒瓶的质量一般，结果迟迟打不开国外的市场。

但是随着对包装重要性的认识，有的企业用包装来掩盖产品质量的低劣。包装设计人员一定要避免两种极端。

第五章　农业品牌化建设

第一节　品牌建设基本方法

一、农产品电商设计品牌名称的基本元素

（一）目标客户元素

产品是要提供给目标客户，为目标客户服务和提升价值的，所以要先解决产品目标客户定位的问题：目标客户是谁？年龄层次怎样？文化层次怎样？消费能力怎样？追求和需要是什么？产品能给他们带来什么价值？他们会怎么看同类产品？……

打造易于传播的互联网品牌，名称是提高客户认知和忠诚度的最直接资源。

（二）产品元素

名称不但要符合目标客户的需求，还要能够植入产品元素。客户一眼就能确认这个品牌名称代表什么产品，而不是让客户琢磨不透。例如做荔枝的"好给荔"，在互联网传播上，直接又好玩，销量可观；做椰子的"财神椰"也是如此，妙不可言！

同样的产品，不同的名字给消费者传递的信息完全不同。

同样是土豆，"土豆姐姐"的名字给我们的信息是土豆，而"青春洋芋"给我们的是创业者的情怀；同样是销售核桃，"核桃兄弟"和"青皮君"给我们的也是不同的信息内容。

（三）文化元素

没有文化内涵的文字总是肤浅的，禁不起时间的磨炼和受众推敲，也不利于深度传播和挖掘。

文化元素也可以按照个人特色或者个人突出点去放大考虑。"李金柚"就是把柚子拟人化，人性化特点放大。食品界姜昆的品牌"姜姜好"把口语化传播做到了极致。

（四）传播元素

易上口、易记、易被二次及多次传播的。和个人一样，产品名称也是一种符号，是自己产品的身份符号。

什么样的名称最易传播呢？简单、极致，"柿子红了""郝苹果"就是典型案例。

二、农产品电商品牌名称必要内容

由于互联网传播的特点，电商品牌名称要有个性内容。

1. 易记

当客户接触到品牌名称的时候，很快就能有深刻的印象，并且存储于大脑中，如"姜姜好"。

2. 内在含义

品牌名称对于客户来说，是一种价值的体现和提升，内在的含义是客户产生品牌共鸣的基点，如"趁枣""崛杞"。

3. 受欢迎

品牌植入消费者心智，看到品牌名立刻感受到一种有情有义有趣的内涵，一种正能量，很受欢迎，才是成功的品牌名称设计，如"好给荔""郝苹果"。

4. 可延伸

一般互联网移动传播销售的产品，初步都是以单一产品为主，后期会跟进部分产品，所以在起名字时需要考虑名称是需要一品一名还是一名多品。如果一名多品，就需要考虑名称的延展性，不能局限在一个单品上，否则在延伸后就没有好的传播效果和营销成绩，如"乡礼""土豆姐姐"，单品延伸都可以。

5. 易注册

目前国内已有 2 000 多万个注册商标，但商标注册审核严格。所以，朗朗上口、富有诗意、受众接受度高的名称很难注册上，如果使用了这样的名称，但不能注册，就没有意义。

名称一般建议三个字以上，六个字以内。字数多了绕口难记，字数少了注册难。不注册也可以使用，但是，一旦有人用同样名称注册，其他人就不能使用，否则有侵权风险。

总之，一个好的品牌名在能够注册的前提下，还必须满足四个特性：第一，具有行业、业务、产品定位；第二，朗朗上口，好记忆，容易传播；第三，具有明确的品牌印象，具有美好正能量；第四，具有明显的特征和独特性，不容易混淆同类品牌名。

一个品牌的定位成不成功最明显的标志，就是品牌名字起得如何，起好品牌名字是企业成功的第一步，名字起得对、起得好，品牌就成功了一半！

三、草根新农人如何塑造品牌

农产品中的"褚橙""柳桃""潘苹果"让很多人望尘莫及，因为它们"师出有名"。对于普通的新农人来说，如何打造自己的品牌呢？

（一）独特创新，个性诱惑

首先，创造品牌个性的人性化。人对人最感兴趣，要从产品看到背后活生生的人，如"农民小段""李金柚""倪老腌""青皮君"。

其次，实现品牌形象的娱乐化。网络世界、虚拟世界，象征与符号创造的世界，需要以符号体系对接消费者。担任牵引作用的，不是产品，而是符号元素构成的店铺品牌形象。有相关研究证明，生动、可爱、充满喜感的网络品牌形象，能够引起网民"闲逛"时的注目与喜爱，如武功猕猴桃的"武功小子"。

最后，形成品牌内涵的精致化。用符号元素、形象设计构建精致化的品牌内涵，令消费者感觉品牌的质感。

（二）强化价值，突出理念

品牌战略是创造忠诚的竞争战略。

品牌需要强化服务体系，完善售后、提升服务体验；提升品牌价值，构建消费者的价值感；创造品牌忠诚，形成忠诚消费、习惯性消费。

根据新农人的成功经验，品牌打造可以从使产品成为大家愿意分享和传播的热点开始。

1. 创意品牌（玩品牌）

社会化媒体传播，让很多消费者直接参与体验和传播。所以，好吃又好玩是大家的需求点，切合这种需求的品牌创意能够脱颖而出，能够抓眼又抓心。例如，"好给荔""财神椰""青春洋芋"等。

2. 聚品牌

产品、品牌的组合效应，可以让普通的产品产生不一样的效果。例如，新农人的"12个苹果"，就是聚农人、聚产地、聚农品……当这些聚合要素通过自媒体传播以后，会使所有的人眼前一亮。

3. 种品牌

品牌品为先，没有品就没有牌。可以说品质是品牌的核心，而农产品的核心品质一定是来自种植、养殖的生产端。所以，很多品牌都从种植、养殖端的宣传打造来树立自己的品牌力。例如，烟台守拙园自然农场丛东日持续不断地宣传他种植的用心、品质的与众不同。

4. 借品牌

借力借势发挥，打造自己的个性品牌，也是草根创业的一种好方法。"褚橙""柳桃""潘苹果"是借名人；"汨粽"是借屈原跳汨罗江的历史传说；而"潘苹果2.0"，就是在"潘苹果"品牌基础上，加上自己独特的标准和运营，向潘苹果借力。

四、如何让品牌形象更生动

第一，品牌故事化。故事化有利于多维度传播。将故事融入商品，让商品有温度、有情怀，容易传播，如遂昌长粽，"中国人过中国节"。这一份很特别的中国礼物，激发了消费者的民族荣耀感。

第二，品牌图片化。社会化媒体传播首先要抓眼球，一张图片胜过千言万语。

第三，品牌人格化。移动互联网是人的连接。当品牌以鲜活有个性的人格形象出现在大家眼前，所有的隔阂都消除了。当品牌代表了消费者口味时，消费者不仅买单，还会主动分享传播，如著名的"褚橙""柳桃""潘苹果"，以及新农人的

"土豆姐姐""维吉达尼""蟹先生"。

第四，品牌彩色化。颜色最容易抓眼球，如红罐凉茶、可口可乐、洋河蓝色经典。新农人土豆姐姐在打造个人品牌时，最善于用粉红色营造万绿丛中一点红的效果，有效地凝聚了目光。

品牌打造非一朝一夕之功。我们必须要清醒认识到，要在做好品质的基础上塑造品牌。所以，不要随意讲故事，而要找到自己产品的"黄金支点"，做好品牌营销。

第二节　品牌的定位

定位理论是由美国著名营销专家艾・里斯（Al Ries）与杰克・特劳特（Jack Tmut）于 20 世纪 70 年代提出。里斯和特劳特认为，定位要从一个产品开始。产品可能是一种商品、一项服务、一个机构，甚至是一个人。

但是，定位不是对产品要做的事，而是对预期客户要做的事。换句话说，要在预期客户的头脑里给产品定位，确保产品在预期客户头脑里占据一个真正有价值的地位。

总的来说，定位理论的核心是"一个中心，两个基本点"：以"打造品牌"为中心，以"竞争导向"和"占领消费者心智"为基本点。

定位理论已经在工业产品领域中广泛应用，"王老吉"就是成功的案例之一。

但在农业领域，很多农业企业或者基地，连包装都不舍得投入，更别说定位理论的应用了。目前这个局面好比改革开放初期，工业产品经历的过程，仅仅是为了生产而生产，与市场和消费者的需求及兴趣处于相对脱节的状态。然而，新农人的出现，带着学习和知识投入农业中，让更多的产品开始有温度，有目标消费人群。随着社交电商的崛起，新农人小而美的品牌开始精彩绽放。

一、从"李金柚"看社交品牌定位之道

品牌农业，大品牌有大品牌之道，小品牌也有小品牌之道。在社交电商时代，小而美的农产品品牌迎来了发展的好时机。

近年来，农特微商开始萌芽，这种以社交为基础的商业形态，迅速在微信朋友圈兴起。微信报告显示，活跃在朋友圈的人群，18~36 岁年龄段的占 84%。可见微商的受众绝大多数都是"80 后"和"90 后"。于是，对于打造小而美的社交品牌而言，就有了非常好的人群定位。

"80 后"和"90 后"人群的特点如下。

一是有个性，喜欢就爱，不喜欢也会比较直接地表达自己的想法。

二是有创新精神，不愿墨守成规，看见新奇特的东西很快就能激发创意去迭代和更新。

三是消费能力强。"80 后"大多有事业和经济基础，具备追求高品质生活的能力。而"90 后"则大多数是独生子女，父辈财富的积累让他们在优越的生活条件中成长，培养了辨别和消费优质产品的习惯。

四是具有分享精神。跟随互联网一起成长起来的"80 后"和"90 后"，同样具有互联网所倡导的分享精神，他们看见赏心悦目或者喜闻乐见的事物，会毫不犹豫地跟身边的朋友分享。而互联网社交平台，为他们分享提供了非常好的场景。

把握这些人群的特点，在品牌定位上就会有比较清晰的概念，让产品有针对性。

以梅州金柚的商业品牌"李金柚"为例，结合分析"80

后"和"90后"的特点，来看看经典小而美的社交品牌如何打造。

（一）品牌名称连接产品

广东梅州盛产沙田柚，柚果成熟后，果皮呈金黄色，故称作金柚。"李金柚"这个品牌的创始人叫李永生，而打造品牌的操盘手叫李恩伟，他们都姓李。所以，用"李金柚"作为品牌名字就变得非常有意义，既能代表创始人，又能直观地代表梅州金柚，辨识度非常高。

（二）品牌人格化

"李金柚"，品牌名称拟人化。李恩伟从"品格、品质、品味"三个维度对品牌进行人格化的打造。每个维度都用朗朗上口的八个字来进行阐述。例如，品格：真诚不欺，美味不负。品质：无须挑选，已是优质。品味：粒粒晶莹，如蜜香甜。在自明星、自媒体、自代言的时代，人格化的品牌就会显得更有温度，也更容易跟消费者沟通。

另外，在包装方面，"李金柚"的纸箱完全颠覆了传统土特产的形象，走的是简约时尚的风格。从外表看，看不出是一款农特产品，自用和送礼都非常大方得体。柚果用精美环保纸袋包住，既能保存水分，档次也显得高了许多。纸箱里配备的"开柚神器"，既贴心又便利。这种层层递进的开箱体验，从感观到实用性都给人们带来了极大的惊喜。

（三）具有互联网思维的创意文案

互联网连接的是活生生的消费者，所以，"李金柚"这个年轻化的互联网品牌，更多的是要契合"80后"和"90后"消费者的需求，要有更多充满互动的方法。

（1）柚同"诱"，"诱惑三部曲"文创将柚子人格化，金色柚子好比是婀娜多姿的美女。

（2）幽默诙谐的文字为产品加分。箱子封口贴上文字——"淡定，请轻轻撕开"；柚子的内包装袋子都是使用白色纸袋，一方面看起来档次高，另一方面长途运输途中可保存水分，纸袋包装可以保证柚子的正常呼吸；内袋包装上的文字——"Hold 住，要温柔脱掉"；而每箱附上的开柚工具包装上撰有文字"Action，可以下手了"。这些幽默诙谐的文案让消费者如同面对一个亲密对象……

（3）开柚神器——柚子是一种广受喜爱的水果，但剥柚子是一件令人苦恼的事情。为了避免徒手撕开柚子所带来的苦恼，"李金柚"的每箱产品中都配有开柚神器。这是以日常开柚子的牛骨头为原型，用塑料设计出的开柚神器，为消费者解决了柚子好吃不好开的难题。

简约时尚人性化，正是这些文字以及设计，让本来平凡普通的柚子脱颖而出，取得消费者的喜爱，客户收到产品都会心一笑。轻松开心的开箱过程，给客户留下深刻的印象，也就和客户有了沟通互动。

"李金柚"在上市后不到两个月的时间，就通过微信销售了 2 万箱；100 天时间，就成为农特微商圈的知名品牌，被无数新农人传颂和学习。"李金柚"的案例被很多大学当成研究农特微商的经典案例。

二、"粥拾柒"的定位之道

来自黑龙江五常大米的"粥拾柒"是一款构思巧妙的农特产品，很受行业称道。

五常大米受产区独特的地理、气候等因素影响，大米中可速溶的双链糖积累较多，对人体健康非常有宜。五常大米颗粒饱满，质地坚硬，色泽清白透明；饭粒油亮，香味浓郁，是日常生活中做米饭的佳品。五常大米素有"贡米"之称。为依法制止商贩假冒"五常大米"现象，五常市大米协会在哈尔滨市工商行政管理局指导下，于 1997 年向国家工商行政管理总局商标局申请注册可保护原产地名称的证明商标，成为黑龙江省第一个农产品证明商标。

大米类的品牌竞争可谓激烈，但产品的差异化都是围绕地域来展开。购买大米的消费群体也已从"60 后""70 后"逐渐过渡到"80 后""90 后"。这一过渡，需要重新定位对大米的理解。

既然定位于新兴消费群体，首先要了解这类群体的生活方式。

经过市场调研发现，大多数年轻消费群体对大米的消费逐渐减少，更多的深加工方便产品，如比萨、汉堡、海鲜粥、方便面、米粉等非主食类产品上升为主角。这就说明，消费碎片化、兴趣化和快捷、时尚等改变了大米的主要消费场景。这个时候用故事来打动他们是毫无意义的，只有去迎合这些消费群体的生活方式，围绕消费碎片化、兴趣化和快捷、时尚等因素来设计产品。

"粥拾柒"，先把粥作为切入口，让五常大米的香味通过粥来影响客户。

首先，要找到问题。

很多年轻客户不会熬粥，70%以上的客户甚至不清楚用多少米可以熬多少粥，熬粥需要多少时间，需要时刻在厨房守着，担心溢出等。这些对于年轻人来说，都是很麻烦的事情。

其次，从问题中突破。

每包粥使用手撕即开的 100 克的一次性袋子包装，定量熬出 2 碗粥，解决了不知道多少米熬多少粥的问题。

但是，对于消费者来说，兴趣集中在一碗粥是远远不够的。所以，在设计产品的时候又增加了 16 种谷物（黑豆、小米、薏米、玉米等），让产品内容丰富。

但是，在实际熬粥的过程中，又有问题出现了。米一般都是先熟，等豆类都熟了，米可能已经烂了。这些显然不能符合年轻消费群体的生活习惯。经过研发，"粥拾柒"将这些谷物进行烘焙，最后做到了谷豆米同熟的效果。

然而，最核心的问题，煮粥时间才是贯穿整个产品最大的痛点。快速简单的生活方式需要过程简单和有趣，而焖烧杯就是个不错的选择。"让烹饪变得更有趣，半小时一杯粥"，让年轻人在任何场景都能轻松享用美食。

整个产品充分围绕定位人群的特点进行设计，效果当然火爆。"粥拾柒"作为一款专门为"新人类"消费群设计的产品就这样诞生了。

第三节　品牌的内容

电商的形式和内容随着消费群体的变化在不断发展变化中。

从工业品电商开始，成就了阿里巴巴、京东等大型电商平台。但随着移动互联网的发展，消费人群的改变，中产阶级的崛起，"80后""90后"人群开始成为消费主力军，传统的产品销售模式已经无法满足新消费群体的消费理念和价值观。纯粹依靠流量低价获取客户的模式，事实证明已经不适合农产品上行，而且带来的负面因素甚至可能更具破坏力。

农产品是有生命力的产品，可能外表相同，但价格差异却很大。所以，在农产品上行过程中，种植人的情怀、环境因素、种植技术等内容，都是产品的一部分。

内容营销在农产品上行中精彩纷呈，下面以"恋·红妆"烟台大樱桃为例，来简单说明。

"恋·红妆",这个初听起来完全不像农产品的品牌,实际上是由农优一百和柏军果品联手打造的烟台大樱桃新潮品牌,旨在从心灵深处唤起每一位女性对爱与美好事物的本能渴望,无形中与樱桃这种本就自带美感的水果完美契合。

如果传统樱桃品牌仍然依赖原产地、高品质等好樱桃本身就应具备的属性来促进销售,那么"恋·红妆"则将樱桃真正带入人们的生活场景中,通过完整的内容营销体验链为消费者带去情感性的享受,购买行为更像是一个附属的自然举动。

"恋·红妆"之所以能够迅速得到认可和主动传播,虽也建立在消费者对于"烟台大樱桃"的高品质认知之上,而其特别之处在于内容的原创力。

首先,"唇启朱樱,脸印红霞"的广告语,勾勒出端庄优雅的美女在品味樱桃时脸上浮现出幸福霞光的画面,让无数女性客户为之心动。

其次,"博美人一笑"的开箱体验,重新激起女性对自身魅力的定义。从诙谐有趣的"女神"与"女神经"入手,让每一位女性都能轻松对号入座,并通过密码在折页中找到开怀一笑的小乐趣,让消费者乐意为品牌溢价买单,实为"营销中的大智慧"。

最后,借助微博、微信、公众号商城、内容营销平台等新媒体和社交平台,以多矩阵和短平快的方式迅速将"恋·红妆"品牌打响。

好的内容营销背后一定是品牌实力的全力支持。"恋·红妆"烟台大樱桃首战告捷离不开两方面的因素:一是产品好、供应能力强;二是在内容营销上找准了目标群体的心理突破点。前者是一切的基础,后者则是引爆的利器。如果"恋·红妆"只是单纯地宣传烟台大樱桃品质多好,也许早就湮没在众多的烟台樱桃品牌中了。

第四节　品牌的传播

移动互联网时代，信息碎片化成为现代营销的最大困境。

故事营销，一种经典传统的品牌营销模式。在昔日没有互联网的日子里，不少品牌借力故事营销，攻城略地、所向披靡，俘获了众多消费者的芳心。然而，面对互联网这一新兴媒介，古老的故事营销是否依然光彩夺目，打动消费者的心弦，以实现传统营销模式在新媒体上的创新，是个值得思考的话题。

这里选取了近年来新媒体故事营销中较为成功的案例，通过理性分析与思考，以期能对电商创业者日后的品牌传播之道提供参考。"真的有料"是新农人品牌塑造者和传播者，他们希望帮助坚持良心种植和生产的新农人，记录其背后的真实故事，建立诚信的产销模式，让消费者获得安全、地道、惊艳的产品，让新农人放心投入、精益产出，共同推动中国农产品上行。

一、品牌农产品打造之道

（一）品牌的"因"与"果"

在经济学范畴，广义的"品牌"是具有经济价值的无形资产，品牌可以给其拥有者带来溢价，产生增值。大家都知道做品牌能够有经济收益，更多人关注做品牌的"果"——增值，而往往忽略品牌的"因"——产生增值需要做到什么。

"现代营销学之父"菲利普·科特勒在《市场营销学》中定义，品牌是销售者向购买者长期提供的一组特定的特点、利益和服务。所以，本质上，品牌是一种信用保障，是品牌方对消费者的承诺。而我们所讲的"互联网+"品牌农业，和应运而生的"新农人品牌",代表着新农业发展方向下,广大新农人对消费者的承诺。这个承诺是"小乐西瓜"的创始人宋会灵以敢给自己儿子小乐吃的西瓜作为出品标准;这个承诺是"维吉达尼(维吾尔语:良心)"始终坚持"差的果实,不给";这个承诺是"万橙"以万里挑一的严格筛选标准,给消费者带来品质如一的黔阳冰糖橙。没有承诺和承诺的落地,品牌便无从谈起。

(二)品牌的打造:用体验让品牌落地

品牌农产品的打造分为商品化和品牌化两部分。

(1)"商品化",是品牌承诺的具体呈现结果,是产品与服务的标准设立与稳定输出能力。产品品质对于品牌农产品的消费市场而言是核心竞争点,这也是"真的有料"作为新农人品牌的缔造者与传播者,做品牌前,以"三大原则,八项打分标准"针对每个品类进行严格选品的原因。

"三大原则":天——原产地当季时令原则;人——价值观一致原则;物——优中选优原则。其中,优中选优对应"八维打分":安全、新鲜、营养、外观、口感、包装、物流、综合服务体验。

品牌化的前提是产品与服务在商品化方面能够有市场竞争力,而非空谈包装,只讲概念。"千里加急小樱桃"的18小时送达体验,不仅是营销概念,背后保鲜包装的反复实验、供应链环节的优化(引入川航/京东/闪送的供应链优势)、各环节衔接与节点把控的严格标准都是践行承诺的基础。

(2)"品牌化",是产品体验与服务达成的稳定延伸。品牌承载的更多是消费者对其综合体验的感知与认可,是一种品牌商与消费者购买行为之间相互磨合衍生出的产物。

(三)品牌的传播:用实力让情怀落地

品牌农产品的传播也是分为两部分,一方面是以内容为导向的品牌传播，另一方面是以实物销售为载体的全渠道零售（传播）。

内容型品牌传播，"真的有料"具有先天优势。其新农人纪录片在全网播放累计过百亿次，影响了千千万万的消费者与潜在消费者。而且，它有幸成为腾讯"企鹅优品"项目首批入驻自媒体，以丰富原创内容为核心，构建自媒体传播矩阵。"never give up""沙瓜先生民勤治沙"等内容驱动营销案例，证明了农产品品牌能做到自带流量的 IP 属性。

销售型渠道传播，也是在"新零售"浪潮下，全渠道零售的传播布局。实物体验是消费者感知品牌的最好途径，产品销售是品牌传播最深度的交互方式。这包括无论是新零售代表"盒马鲜生""线上电商+线下门店"的体验升级，还是传统线下农产品流通渠道的既成格局。对于品牌农产品来说，让更多消费者听到的同时，也要具备让更多消费者看到并买到的渠道实力。

二、品牌塑造与传播之道

（一）洞察消费者内心需求

一个精准的品牌定位，一次有效的营销活动，一句出彩的广告文案，都来自"洞察"，可以解释为不要只看表面，而要深入内心。

到底洞察什么才能打动消费者？是差异化口感，还是故事情怀？是核心产区生产的苹果，还是又甜又脆的苹果？是安全自然的番茄，还是找回的童年味道？

"真的有料"在帮助小乐西瓜打造品牌时，卖的就不是西瓜本身，而是一位母亲为了孩子的食品安全，而返乡种地的母爱。这个真实的故事本身就能打动人。小乐西瓜又是以宋会灵儿子命名的品牌，从包装到插画绘本，都是围绕着这个真实人物的故事延展。

他们的目标消费者就是中产阶级的妈妈群体。宝妈们舍得为孩子，每天花 59 元买一颗 2.5 千克重的西瓜。

小乐妈为孩子的付出，戳中了她们的泪点，因为她们深知母爱的滋味。当品牌和消费者的价值观产生了共鸣，忠诚度自然就建立了，自发传播也就开始了。

那么，问题来了，如何洞察消费者的内心需求？

洞察绝不是来自"感觉"，而是通过实践，科学、客观地分析，从自身优劣、市场环境、购买场景、竞品分析等不同维度，综合交叉考量。

消费者访谈很重要，不仅能听取消费者的真实想法，还能让他们了解品牌，成为第一批种子用户。尤其是对于缺乏推广资金和资源的小农品牌，这是低成本、高成效的品牌打造与推广途径。

"真的有料"在打造品牌时，结合了社群运营，与精准用户互动、交流，邀请他们来为品牌命名。他们的"甜心美莓""喜蕃你"都是从社群头脑风暴中诞生的品牌名。

在洞察的过程中，可能会发现千人千面的现象。所以，只需抓住最在乎的那一群人就够了，千万别试图让所有人都喜欢，那样会失去特点，让原本会跟随的铁粉没了感觉。

（二）品牌定位基于卖点，高于卖点

洞察是为了更好地找出卖点，找出卖点是为了提炼品牌核心。对于大多数新农人来说，不是缺乏挖掘卖点的能力，而是缺乏提炼卖点的洞察力；不是缺乏创作内容的想象力，而是缺乏整合内容的执行力。

小乐西瓜在"真的有料"开始操盘前，已经销售两年了，但消费者的声音仅限于"西瓜很好吃"，无法用一句话去概括品牌的内核。

在经过和大量消费者的沟通，得到反馈后，他们总结出小乐西瓜的定位："一颗用母爱浇灌的西瓜"。母爱意味着精细化种植，母爱意味着最好的、最安全的。品牌的差异化卖点，不言自明。

在此基础上，还需要挖掘品牌背后的精神和价值，提炼为可延展的人格化 IP。农产品本身就是非标品，有人喜欢脆，有人喜欢沙，有人喜欢很甜，有人喜欢轻甜，仅仅去宣传特别好吃，是无法在短时间内实现"吸引消费者—转换消费者—沉淀消费者"的过程。当然，品质是一切品牌的基础，前提是得让消费者发生第一次购买行为，真正品尝到产品。

（三）如何让内容广泛传播

有了品牌核心，所有设计、文案，都应该围绕它去延展，不断刻画，不断深化。

做品牌做营销的人都深知流量贵，推广难。所以在传播渠道上，"真的有料"建立了完善的自媒体矩阵，利用多达 50 个视频平台、自媒体平台、垂直类平台，免费传播他们创作的内容，实现单条文章或视频少则上百万，多则上千万的阅读量。不仅如此，他们还充分挖掘社群运营的魅力，尽力让每个消费者都成为传播者。

那么，如何创作出能被传播的内容？

1. 传播内容有用、有趣、让人感动

从这三点出发，"真的有料"原创了三档短视频节目：让人感动的《有料新农人》、有用的食物科普知识——《有料食研所》、有趣的生活方式——《有料厨房》。每个节目的定位都不一样，每个节目都能覆盖收获不一样的用户。

2. 打造 IP，衍生文化产品

因为目标人群的高度吻合，他们和国内知名英文学习机构，联合制作了五条关于小乐故事的英文视频。这些内容不是简单地销售，而是让孩子们在学习的过程中了解小乐这个人物，了解西瓜的知识，了解大自然，进而产生一种品牌知名度和依赖感。买单的是妈妈，爱吃的是孩子，除了要做给妈妈看的内容，还要俘获孩子们的心，让孩子们内心在叫："妈妈，我就要吃小乐西瓜。"

他们每年都为小乐西瓜创作一期中英文彩绘本，让小乐陪伴孩子们成长。许多妈妈说，孩子睡觉前都抱着绘本睡觉，经常让爸爸妈妈给他们讲小乐的故事。这就是故事的力量，让城里的孩子向往小乐在妈妈为他打造的自然农场里的生活。

3. 产品即内容

对于农产品来说，最好的内容莫过于产品。所以，"真的有料"在选择爆款时，一定会选口感有明显差异化的，品质有供应链保障的产品，如果运气再好一点，还可能碰到有故事的产品。

在做品牌定位时，他们没有选择讲口感和地域，而是把它定义为"中国治沙生态瓜"这一全新的概念。在设计包装箱时，利用箱子的 4 个面，分别简要地讲述了这个故事。用户收"沙瓜先生"时，包装内有一个小玻璃瓶装着民勤当地的沙，以此感谢用户为治沙做出的贡献；还有当地的特色面糊，将其撒在蜜瓜上一起吃，能够体验当地独特的美食文化。

这些非常有特色的小细节，都是让用户自发传播的导火索。

主要参考文献

陈淑，徐东森，姚光宝，2020. 农产品品牌建设 ［M］.
　　济南：济南出版社.
李宏英，2020. 农产品品牌策划与管理 ［M］. 北京：中
　　国原子能出版社.
杨国，高传光，丁立群，2016. 农产品市场营销策略
　　［M］. 北京：中国农业科学技术出版社.